颐和园园墙保护性修缮研究

北京市颐和园管理处 编著

文物出版社

图书在版编目（CIP）数据

颐和园园墙保护性修缮研究 / 北京市颐和园管理处
编著 . -- 北京：文物出版社，2019.12
　　ISBN 978-7-5010-6305-5

　　Ⅰ.①颐… Ⅱ.①北… Ⅲ.①颐和园—围墙—历史—
研究②颐和园—围墙—修缮加固—概况 Ⅳ.① K928.73
② TU986.47

　　中国版本图书馆 CIP 数据核字 (2019) 第 217277 号

颐和园园墙保护性修缮研究

编　　著：北京市颐和园管理处

责任编辑：冯冬梅
装帧设计：刘　远
责任印制：梁秋卉

出版发行：文物出版社
地　　址：北京市东直门内北小街 2 号楼
邮　　编：100007
网　　址：http://www.wenwu.com
邮　　箱：web@wenwu.com
印　　刷：北京荣宝艺品印刷有限公司
经　　销：新华书店
开　　本：889mm×1194mm　1/16
印　　张：12
版　　次：2019 年 12 月第 1 版
印　　次：2019 年 12 月第 1 次印刷
书　　号：ISBN 978-7-5010-6305-5
定　　价：298.00 元

编纂委员会

主　　任：杨　华　　马文香

委　　员：杨　静　　王　馨　　秦　雷　　周子牛　　吕高强

主　　编：秦　雷

副主编：荣　华　　张　龙　　张　京

执行主编：张　颖

撰稿人：王　晨　　刘雄伟　　刘婉琳　　孙　震　　朱　颐　　陈　曲
（以姓氏笔
画为序）　张　颖　　张　鹏　　张　斌　　荣　华　　徐少泽　　黄冠英

图1

图2

图1／东宫门东侧园墙修缮前

图2／东宫门东侧园墙修缮后

图3／颐和园内侧墙体修缮前

图4／颐和园内侧墙体修缮后

（张晓莲 摄）

图 3

图 4

图1 图2

图1 / 颐和园内小路两侧墙体1修缮前

图2 / 颐和园内小路两侧墙体1修缮后

图3 / 颐和园内小路两侧墙体2修缮前

图4 / 颐和园内小路两侧墙体2修缮后

（张晓莲 摄）

图 3

图 4

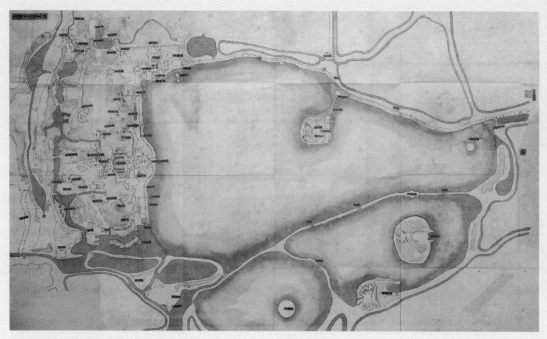

图343-0666清漪园地盘全图

道光朝　绘图者：样式雷

图中园墙虽只用单线画出，但仍可看出北面园墙的范围——在东、西两座城关之间，东起文昌阁城关，往北至霁清轩折而往西，绕过万寿山北麓的后湖北岸，至北如意门再折而往南，止于宿云檐城关。而东西南三面均通过水域作为分隔，自文昌阁城关向南的东面以大堤为界。

图337-0156颐和园周围建筑大墙做法图

光绪朝　绘图者：样式雷

拟建园墙范围从文昌阁沿东堤到南宫门（即今南如意门），向西绕过昆明湖，并将西湖圈入墙内，将治镜阁和水操学堂划出墙外，从水操学堂东侧穿过，与西宫门相接。

图339-0280昆明湖周围添建大墙图

光绪朝　绘图者：样式雷

图中以门、涵洞、桥为节点将此次添建的围墙分为十八段，并记录每段围墙的长度及总长，便于工程实施。

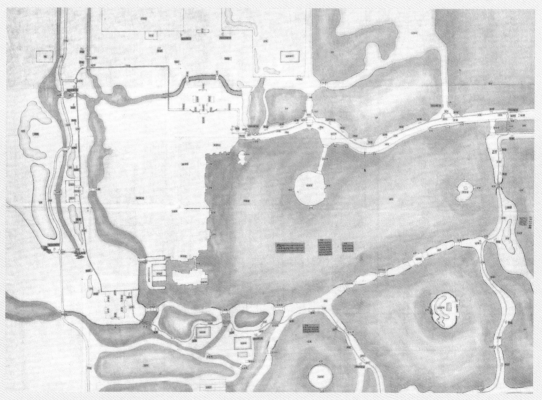

图337-0149昆明湖添建大墙做法图

光绪朝　绘图者：样式雷

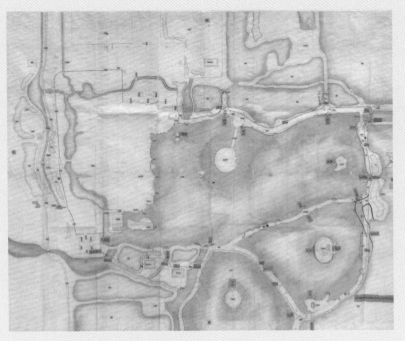

国342–0507昆明湖添修围墙灰线图

光绪朝　绘图者：样式雷

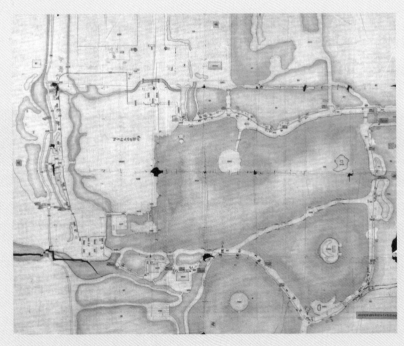

国392–0364昆明湖大墙准底

光绪朝　绘图者：样式雷

民国时铜牛东侧园墙1

摄于1930年左右，反映了铜牛东侧园墙的情况。

民国时铜牛东侧园墙2

摄于1930年左右，可以大致看出这个区域园墙的规模和高度。

铜牛码头东侧园墙

庚子事变后（1902～1905年），颐和园成为清政府积极开展外交活动的舞台，园内开始频繁出现外国人的身影，这张照片可以清晰地看到铜牛码头东侧的园墙。

颐和园航拍图

颐和园西侧航拍图。重修颐和园时，在昆明湖东、南、西三面增建园墙，并将耕织图遗址划出园外，改建水操学堂。照片左下方能清晰看到园墙外的水操前、后学堂。

目录 catalogue

第三章　颐和园园墙保护性修缮勘察与设计

第四章　颐和园园墙修缮研究与施工管理

第五章 问题难点与经验收获

序

　　墙，是中国古代城池、宫殿、坛庙、陵墓、园林以及民居营建不可或缺的建筑要素，不仅具有防卫、空间限定的功能需求，也是营造和丰富景观的一种手段，具有特定的历史、美学、工艺价值。世界文化遗产颐和园的园墙，由不规则的泛黄色花岗岩石块堆砌而成，外抹青灰勾缝，整体纹路斑斓，酷似虎皮，俗称"虎皮墙"，逶迤屹立，风采独具，长达8000余米，将颐和园绚丽的湖光山色、亭桥楼阁包围其中，它不仅与颐和园的历史紧密关联，见证了颐和园数百年沧桑变化的历史进程，同时也是颐和园建筑的重要组成部分，发挥着屏障、防卫等重要历史和现实功能，也是颐和园景观构成的要素之一，是园林中一道无处不在的独特风景线。

　　然而，对于颐和园园墙的建筑历史变迁与建筑工艺的研究，还是一个有待弥补空白的学术领域。在清代的皇家园林中，其实这样的虎皮纹石墙曾经非常普遍，比如著名的圆明园当年的的虎皮石园墙的长度达到至少11000多米。其实不只是园墙，虎皮石墙做法在建筑山墙、槛墙、台基、台明等部位均有广泛应用，不仅取材便利，结构坚固，其色彩和质感能表现出皇家园林自然坚固、返璞归真的气象，更能与山水园林融为一体，自身便成为园中一景。但是，由于历史的沧桑，现在各当年皇家园林的这种独特的虎皮石墙要么大都已经遭到损毁，要么多是近年来恢复重砌，规模最为完整，历史价值最为突出的当属颐和园的了。2012年，颐和园园墙抢险修缮工程正式启动，于2014～2017年分五期逐步实施完成。这是清朝以后颐和园第一次对园墙进行全线整体修缮。此次修缮，为我们研究颐和园园墙建筑历史、建筑工艺和保护方式等提供了有力的契机。

　　颐和园的围墙，在清代的官方档案史料包括样式雷图档中大都称为"大墙"，也有少量称作"墙垣""围墙"的记载，但是园中老人及文物专业工作者皆口耳相传"虎皮墙""虎皮石"的俗称，此种俗称并未见史料档案记载但口耳相传，以致很多园林爱好者也熟悉"虎皮墙"的称谓。考其出处，《红楼梦》中一段描写虎皮石墙基做法的记载可资参照："左右一望皆雪白粉墙，下面虎皮石随势砌去，果然不落富丽俗套。"明确道出了虎皮石墙的称谓概念和美学特色。当然，可以肯定，不是因为人们读了《红楼梦》受启发才产生了这一俗称，而是这一俗称与《红楼梦》巨著都是诞生于清代北京文化的共同土壤。

为了对颐和园园墙的历史、价值、工艺等进行深入研究，保障园墙修复工作的科学性、学术性与严谨性，颐和园组成了由古建工程建设管理部门、历史文化研究部门以及天津大学建筑学院等相关专业学术机构共同参与的学术团队，进行历史、古建、材料检测等多学科综合研究，查询大量的清代宫廷工程做法册、样式雷图档、颐和园档案、历史老照片等档案资料，勘察调研颐和园、圆明园、香山静宜园、承德避暑山庄、蓟县盘山行宫等皇家园林中的虎皮石墙遗存，对园墙修复进行细致的测绘、记录、检测等，并对前几期园墙修复的经验教训进行总结改进，形成了这本《颐和园园墙保护性修缮研究》。简要概括起来，这一成果主要包括以下几个方面：

1. 依据文献档案详细梳理颐和园园墙营建史、修缮史，理清了颐和园园墙的嬗变历程，从文化视角梳理了中国独特的墙文化，开展了清代皇家园林园墙遗存调查及历史文化研究，在此基础上进一步明确了颐和园园墙的价值定位，提升和细化了对园墙的文物价值和工艺价值的认识和重视。

2. 通过现场勘察和历史档案研究，总结了清代虎皮石墙砌筑材料及施工工艺，并通过现代科技手段进行材料检测和软件模拟，为园墙修缮材料选取、工艺传承等提供了科学依据，进而探讨园墙的病害发生机理并提出保护策略，并编制了颐和园园墙日常保养规程。

3. 通过研究总结，对颐和园园墙的认识由感性到理性，工艺上由原则到方法，都有了质的提高，提升了园墙修缮的科学性、规范性和学术性，深入贯彻了文物保护的"四原"原则和"最小干预""最大程度保留历史信息"的原则要求，充分体现了对历史的尊重。

通过组织此次颐和园园墙修缮及研究工作，我进而也有以下两点认识和感受：

一　清朝灭亡后颐和园园墙的百年修缮和变迁史，反映了人们对颐和园园墙认识和研究的时代特点。由于常有倒塌，民国时期的日本工程师已经开始用水泥这一现代材料对颐和园园墙进行修缮，这一新材料的应用改变了园墙的传统工艺，并一直延续到新中国成立后的很长一段时间的园墙修缮实践，但当时人们在认识上普遍认为使用这种材料是新的、好的、耐久的和必要的，这是时代的局限性和认识特点；新中国成立后，由于马路扩建、水系调整等市政建设的原因，颐和园的园墙特别是八方亭以南至南如意门、南如意门至西门、霁清轩东北角等段落拆除重建，或内缩、或外展，二孔闸至新建宫门段落也进行了外扩，改变了历史位置和走向；以后的多次修缮中，在修缮材料、工艺、重要历史信息保存等方面也有不够细致和严谨之处，甚至引起了一些文物爱好者的诟病。颐和园园墙的文物属性和文物价值在过去相当长的一段时间并未给予足够充分的认识和重视，未将这一建筑形式纳入到文物建筑清单序列之中，更多的还是把颐和园园墙当作一种只是发挥着屏障保护和分割空间的现实功能和景观功能的构筑物，为颐和园园墙的保护造成了一些遗憾。

二　古建文物修缮工作，必须以充分的学术研究和价值评估为基础，而学术研究是价值评估的前提。这一学术研究绝不能是浅表的、泛泛的、狭窄的、单学科的，而必须是具体的、深入的、广泛的和多学科综合的。这次颐和园园墙修缮的后期工程，我们在总结以往修缮经验的基础上加强了综合研究力量，建立了更加科学和综合的研究机制，改善了以前古建筑修缮主要是古建工程管理部门单挑大梁的格局，将颐和园历史文化研究部门、颐和园文物档案资料保管部门、相关专业高校研究机构引进结合起来，共同搜集整理各类相关历史文献档案、实物资料，开展深入、具体、广泛的园墙历史及工艺研究，从而大大突破了以往对颐和园园墙历史及工艺的认知，不仅在清代皇家园林虎皮石墙的研究领域填补了学术上的空白，更重要的是在此基础上无论是从总体上还是具体的园墙段落和部位上，都产生了新的价值认识和修缮方案的完善，从而最大程度地确保了园墙这一文物历史信息的保护留存和园墙传统工艺的传承，充分贯彻了文物保护法规的精神实质，并以此为开端，奠定了今后颐和园文物建筑修缮研究先行，多学科结合，价值评估保护为重的新机制。

这次将颐和园园墙修缮研究成果出版，也是遵循了世界文化遗产保护修缮工程档案留存管理的原则，为今人留痕，为历史存照，同时也是我们这一代人对清代皇家园林虎皮石园墙认识和研究的阶段性成果，以期为同类遗产保护工程和当代园墙建设提供有益的思路和借鉴。本次颐和园园墙修缮和研究得到了文物保护、建筑历史、园林、古建技术等领域的多位专家的指导，由园内各部门专业人员与天津大学建筑、材料等多专业人员分工协作完成，在此谨表谢意。囿于水平和时间，不足之处还望方家不吝批评指正。

颐和园副园长　　　秦雷

前 言

　　颐和园现东、西、南、北四面均有园墙，且封闭围合，园墙全长8449延米，多为虎皮石墙。虎皮石墙主要采用泛黄的花岗岩堆砌，外抹青灰勾缝，外观如虎皮一般，故而得名。虎皮石墙在三山五园中广泛使用，既得益于其色彩及质感能表现出皇家园林的气象威严，更得益于其与山地园林融为一体，自身便成为园中一景。

　　乾隆皇帝在营造清漪园时，只在北面建造园墙，东起文昌阁城关，往北至霁清轩折而往西，绕过万寿山北麓的后湖北岸，至北如意门再折而往南，止于宿云檐城关。清漪园被毁后，原旧园墙多有损毁，坍塌不齐，重新建园需要进行大规模的修缮。光绪十七年（1891年），重修颐和园时在昆明湖东、南、西三面增建园墙，北面的园墙范围和清漪园原有范围基本相同。在修建园墙的同时，还在墙上修建若干园门，并沿墙添建大量堆拨、值房等建筑物。光绪三十一年（1905年），为加强防守，又将北面园墙增高约1米。

　　民国时期，园墙经历多次修缮。新中国成立后，颐和园园墙在保持清代历史格局的基础上，受周边城市建设的影响，如扩宽马路、京密引水工程等，园墙长度有所增减。将廓如亭以南一段弧形园墙拉直，园墙内推；将颐和园霁清轩东北角园墙切角；将畅观堂至绣漪桥的西、南园墙外移；新建新建宫门外一段园墙；将文昌阁至新建宫门园墙550米延长东移，新建园墙及墙内通道，将二龙闸圈入园内。期间，颐和园园墙经历多次维修保护。颐和园园墙经历过一次唐山大地震和一次强降雨，颐和园职工参与进行抢险救灾工作。

　　总体来说，颐和园园墙历经多次局部修缮与增改，存在较大安全隐患。有必要通过整体的修缮，修复自然力和人为造成的损伤，排除园墙险情，制止新的破坏，真实、全面地保存并延续其历史信息和价值。经过四次专家论证，五年设计施工，完成了颐和园园墙的整体修缮工作。主要包括：对基础下沉、墙体坍塌或歪闪开裂严重的园墙进行了重砌基础，并采用传统石料拆砌；墙体恢复传统麻刀灰勾缝及宝盒顶墙帽；采用花岗岩及杂砖砌筑的园墙，恢复传统虎皮石墙的做法；对光绪时期增高痕迹做了保留与修复。

为落实《文物保护工程管理办法》和《国家文物保护科学与技术发展"十三五"规划》中加强文物保护工程记录、研究的要求及推动建立"专业技术创新联盟"的号召，并遵循《颐和园文物保护规划（2009—2025）》，在颐和园园墙修缮工程过程中，颐和园管理处联合天津大学建筑学院，收集整理相关历史文献档案，对颐和园园墙砌筑石块进行取样检测，对施工过程进行详细记录，借此开展颐和园园墙营建史、修缮史、园墙砌筑材料及工艺研究，并进行园墙日常保养规程编制。

为了更好地保留、传承颐和园园墙所承载的相关历史信息，为同类遗产保护工程以及当代园墙建设提供借鉴，在此将颐和园园墙修缮工程、历史文化与科技研究的初步成果集结成册，请各位专家、同行不吝赐教！

第一章
中国清代
皇家园林的园墙

第一节
墙的历史与文化

1.1.1 墙的含义

墙是建筑围护、空间限定的要素，不同的地域、文化、气候有着不同材料与式样。由字来追本溯源，古时墙写作"牆"，偏旁为"爿"。"爿"可取木材之意，在房屋建筑演变史中可知人类祖先生活在洞穴中时，以树枝、木材等遮掩洞口。随之发展，人类将房屋逐渐移到地面以上，仍以木材作为支撑。这便是墙体最初的结构形式。而"墙"字偏旁从"土"，由此可知土作为墙体的砌筑材料经历了一段很长的历史，土的保温性能和方便取材都促成了这一发展。之后，在对建筑形式、结构、性能等要求日益提高的过程中，以及不同地区材料盛产情况不同，衍生出使用砖、石等砌筑墙体的做法。

墙在《汉语大辞典》中的解释为"用砖石等砌成承架房顶或隔开内外的建筑物""门屏"或"古代出殡时张于棺材周围的帷帐"[1]。《辞源》中解释为"用砖石土木砌成的房屋园囿之界城"[2]。《辞海》中为"房屋或园场周围的障壁"[3]。《现代汉语词典》中又解释为"砖、石或土等筑成的屏障或外围"[4]。《说文解字》中对墙的描述有"垣，蔽也。""壁，垣也。""墉，城垣也。""堵，垣也。"[5]《释名·释宫室》曰："墙，障也。所以自障蔽也，垣，援也。人所依阻以为援为也。墉，容也。所以蔽隐形容也。"[6]由此可知，不同参考文献对于墙的定义大致相同又稍有区别，并且墙还有一些其他的名称，如"垣""壁""墉""堵"等。采用不同的字必然有不尽相同的含义。在《汉语大辞典》中，"垣"一般指矮墙；"壁"指陡峭的山崖或军营的围墙；"墉"一般指城墙或高墙，如"谁谓鼠无牙？何以穿我墉"；而"壝"指的是古代祭坛四周的矮墙。

1.1.2 墙的分类

根据位置及功能不同，墙一般可分为外墙与内墙两大类，外墙一般为围墙，内墙可为隔墙、景墙等；根据材料可分为土墙（夯土墙和土坯墙）、石墙、砖墙、乱石墙、木墙、水泥墙、泥巴墙、篱笆墙、栅栏、棘篱、青篱、花障等；根据用途可分为城墙、院墙、园墙、房屋墙、影壁墙等；根据使用性质和部位可分为檐墙、山墙、坎墙、八字墙、屏风墙、照壁、隔断墙等；根据构筑形式可分为版筑墙、垒坯墙、实心砖墙、空斗墙、砖瓦花墙、包框墙等；根据造型样式分类可分为马头墙、花墙、漏窗墙、雕墙、龙墙、封火墙、过山墙、过水墙、阶梯形墙、云墙、平墙、影壁墙及各种造型墙等；根据色泽可分为紫墙、红墙、粉墙、本色墙、黄墙（佛院）等。

1.1.3 墙的功能

概括来说墙的功能可分为三类：边界屏障，空间营造，景观构成。

（1）边界屏障

墙作为保护屏障，对于中国社会的现实空间，体现着中国伦理的第一原则 —— 别内外。大至国家，小至家庭，其都是不可或缺的组成部分。从国家层面来说，在冷兵器时代，一个国家防御外敌最重要的建筑形式即为城墙，墙与国家的命运连接在一起；而对于家庭来说，墙是构成居住环境的最基本的要素，将家庭内部与外界隔开，阻碍外界人、物进入，保护隐私。《闲情偶寄·居室部》记载："峻宇雕墙，家徒壁立，昔人贫富，皆于墙壁间辨之；故富人润屋，贫士结庐，皆自墙壁始；墙壁者，内外攸分，而人我相伴者也；俗云：'一家筑墙，两家好看'，居室器物之有公道者，惟墙壁一种；其余一切，皆为我之学也；然国之宜，目者城池，城池目而国始固；家之宜坚者墙壁，墙壁坚而家始坚；其实为人即是为己，人能以治墙壁之一念，治其身心，则无往而矣。"

体现了墙体与建筑、经济及人之间的重要关系。

（2）空间营造

老子在《道德经》中对"有"与"无"的阐释亦有对空间特性的描述："埏埴以为器，当其无，有器之用；凿户牖为室，当其无，有室之用。故有之以为利，无之以为用。"意思为，和泥制作陶器，有了器具中空的地方，才有器皿的作用；开凿门窗建造房屋，有了门窗四壁内的空虚部分，才有房屋的作用。即"有"给人便利，"无"发挥了它的作用。由此可见墙壁对空间营造起到了重要作用。墙内外的社会空间可以形成截然不同的空间文化体系。墙内可以是一片天伦之乐，墙外则是规矩与秩序。

（3）景观构成

《书带集》中提到："江南园林叠山以粉墙衬托，益觉山石紧凑峰探，以粉墙画本也。若墙不存，则如一丘乱石。"[8]《园冶》中说："凡园之围墙……如内、花端、水次、夹径、环山之垣……从雅遵时，令人欣赏，园林之佳境也。"[9]陈从周曾在描述南北园林中的色彩中说："北国的园林，翠松朱廊衬以蓝天白石，以有色胜。江南园林，小阁临流，粉墙低桠，得万千形象之变。白本非色，而色自生；池水无色，而色最丰。色中求色，不如无色中求色。"[10]可知墙在园林景观营造中的作用不可忽视。墙可通过其阻隔性屏蔽一部分信息，达到障景的作用，可通过与山、石、水、植物等搭配而达到勾勒画面、协调陪衬的作用（图1、2），可通过其连续或间断来整合或分隔被围合的空间，可通过其方向性起到引导、暗示的作用，可通过其融通性来增强园林观景层次（图3）。园墙本身在中国古典园林空间之中是一个"被强调"与"被忽略"的矛盾综合体[11]。墙很难作为主体建筑被关注，但同时在景观构成中发挥着重要作用而不能被取代。

1.1.4 园墙的发展

古书记载，在氏族公社后期，生产力的发展推动了人们开始兴建以户为主的房屋。如《淮南子》中写道："舜作室，筑墙茨屋，辟地树谷，令人皆知去岩穴，各有家室……此其始也。"[12]也正如前文提及，墙是随着房屋、大型建筑等的产生而出现的。而园墙是随着

图1

图2

图3

中国古典园林的发展而发展的。

中国古典园林的第一次飞跃发生在魏晋南北朝时期[13]。在此之前，从殷周时期开始，有权势的帝王、诸侯、大夫开始造园活动，此时的园林称为囿，意为"有垣的苑"。到秦汉时期，随着经济的发展，统治者在追求长生不老、登岛寻仙未果之后，对"蓬莱""方丈""瀛洲"三座仙岛仿造，形成在苑内营造水中仙山的做法。但总体来说，这段时间园林面积大，建筑相对稀疏，园林中的墙垣大部分只有分隔、围合的作用。到魏晋南北朝时期，局势纷乱导致园林修建主人的身份由帝王转变为文人士大夫。园林承载的作用由狩猎和祭拜转变为休闲、观

图1／愚园中的隔墙
图2／网师园中墙与假山
图3／留园中墙的渗透
与融通

景及游玩。园林面积缩小，不同园区分隔意识加强，使得墙垣分隔园区的功能得到充分发展。此时园林中的墙垣文化逐渐成形。

隋唐时期，园林发展迎来第二次飞跃，抒情写意逐渐成为园林创作的基本理念。随着社会繁荣安定、经济发展，建筑用地面积受到限制。园林规模自中晚唐开始越来越小，融入的创作内涵却越来越多，于是园墙的分景、隔景的功能得到充分发展。此时园墙的立面处理、开窗艺术及与其他景观要素的融合也逐渐完善。

第三次飞跃为明清时期，此时不论造园艺术理论还是技艺都得到高水平的发展。随着江南地区经济的快速发展，江南私家园林大量形成。为了在有限的空间内形成"虽由人作，宛如天开"的园林效果，以局部代全体、以少代多的象征性造园手法得到充分发展。这个时期，园林的观景空间层次得以改观，由此园墙的渗透、融通文化得以发展并定型。

第二节
清代皇家园林园墙的类型

清代皇家园林绘画集将写实表现与虚拟联想于一体，在很大程度上再现了园林景致，彰显了造园思想。园墙作为具体的园林要素，虽不一定完全符合实际，但反映了清代皇家园林园墙的典型样式。下文结合实地调研及清代皇家园林绘画如唐岱、沈源《圆明园四十景图咏》，张若澄《静宜园二十八景图卷》，清桂、沈焕、嵩贵《静宜园全貌图》《避暑山庄三十六景》，冷枚《避暑山庄图》等，提取清代皇家园林中几类典型的园墙形式，对其样式、构造做法及所营造的空间氛围进行简要介绍。

1.2.1 外围墙

就清代皇家园林园墙来说，外围墙有城墙式园墙、虎皮石墙及糙砖抹灰墙。

城墙式园墙的典型代表为避暑山庄的园墙（图4、5）。避暑山庄的园墙不同于一

图4

图5

图4、5／避暑山庄城墙式园墙

般的虎皮石墙，而采取有雉堞的城墙形式，以显示"塞外宫城"的意思。全长十余公里，其在山岳的一段则随山势而蜿蜒起伏，宛若万里长城的缩影[14]。避暑山庄园墙底部为石条砌筑，墙身为虎皮石墙，顶端由大青砖砌筑为雉堞（古代城墙上的矮墙），叠涩成梯形向上收进。园墙顶端还有供官兵巡逻的马道。山庄城墙旧式做法为里墙外墙"两披合贴成砌"，顶宽2.13米，底宽2.4米[15]。城墙式园墙给人以高大威严、沉稳庄重的感觉，大规模的使用更是绵延不绝、气势磅礴。

虎皮石墙是用不规则多边形的块状天然石材砌筑成的有一定装饰性的墙体，因石料颜色和灰缝纹理与虎皮相似而得名，是乱石墙的一种。《园冶》中有对乱石墙的记载：

"是乱石皆可砌，惟黄石者佳，大小相间，宜杂假山之间，乱青石版用油灰抿缝，斯名冰裂也。"[16]

虎皮石墙在清代皇家园林中应用广泛，颐和园园墙（图6）、圆明园园墙（图7）皆为虎皮石墙。除了其自身颜色、样式外，还有以下几点原因：虎皮石取材方便，广泛分布于京西的房山、门头沟、昌平等地，量大且距离较近，取材运送均很方便；虎皮石墙气象威严，旗人以武功取天下，尚武是旗人尤其是清初旗人的风尚，而老虎为东北林地之王，在审美方面，色彩、纹路如同虎皮的虎皮石墙也就自然而然地受到清人的喜爱；虎皮石的颜色与北京的季节色彩形成互衬和反差，西郊一带建筑以农田、树木、山林为背景色彩，皇家园林建筑多以灰瓦、灰色的瓦石覆盖，虎皮石的颜色则正好成为绿色与灰色之间的过渡色，使得建筑空间的色彩多样舒适。

糙砖抹灰墙在清代皇家园林的外墙中也较为常见（图8）。糙砖墙是未经砍磨加工的整砖墙，按砌筑手法可分为带刀缝和灰砌糙砖两种。墙体抹灰中的靠骨灰又叫刮骨灰或刻骨灰。不同颜色的靠骨灰有不同的叫法，白色的叫白麻刀灰或白灰，抹白灰叫做抹"白活"，浅灰色或深灰色的叫月白灰，月白灰抹后刷清浆赶轧呈灰黑色的叫青

图 6 / 颐和园虎皮石围墙

图 7 / 圆明园虎皮石园墙

图 8 / 北海公园糙砖抹红灰墙

灰，红色的叫红灰或葡萄灰，黄色的叫黄灰。

1.2.2 园中园的墙

在大型皇家园林中，园林内容和主题的不断丰富，造园技艺师开始借鉴山水风景园中的景观布置原则，造园手法转向较为细腻的诗情画意的方向发展。通过借助墙的隔景、障景作用，将全园划分成若干个景区和景点，形成大园中套小园的格局，也就是所谓的园中园。

园中园的设置一般会打破单调，形成空间对比，在统一中求得变化，追求不同的情趣，创造出不同的意境。园中园的"景"多通过建筑空间的组织来加以塑造。通过不同材料、形式、颜色的墙与园中园内的景组合，突出建筑物自身的造型美和高低错落、变化丰富的立面效果，同时也达到建筑物之间的有机组合。

一 墙体材料

（1）虎皮石墙

园中园的墙相比较外围墙来说，形式更为多样，虎皮石墙也是园中园所采用的常见的园墙形式（图9）。

（2）虎皮石 — 糙砖抹灰墙

砖石混合型的墙也是园中园多采用的园墙形式。例如虎皮石 — 糙砖抹灰墙，该类型园墙下碱为虎皮石墙，上身为糙砖抹灰墙（图10）。此类型园墙下碱有虎皮石墙

图9-1 / 圆明园四十景图咏 – 正大光明　　　　　图9-2 / 圆明园四十景图咏 – 汇芳书院

图10-1

图10-2

图10-3

图10-1／圆明园四十景图咏－碧桐书院
图10-2／圆明园四十景图咏－北远山村
图10-3／静宜园二十八景图卷－栖云楼

的野趣，上身光洁细腻，是富有园林氛围的围墙形式。《红楼梦》也有对此类墙体的描写："左右一望皆雪白粉墙，下面虎皮石随势砌去，果然不落富丽俗套。"

（3）干摆－糙砖抹灰墙

该类型园墙下碱为干摆砌筑，上身为糙砖抹灰墙。干摆砖的砌筑方法即"磨砖对缝"作法。干摆墙须使用"五扒皮"。摆砌过程中应有专人"打截料"，随时补充砍砖中的未尽事宜。

干摆下碱光洁平整，青砖色彩庄重，砖缝隐隐而现，整体形象细致而精巧。清代皇家园林中干摆－糙砖抹红灰园墙多见于宫殿、寺庙建筑群，如《圆明园四十景图》中日天琳宇、月地云居、鸿慈永祜、方壶胜境等组群即有此类园墙（图11），部分配以琉璃顶，突显庄重、吉祥、富贵。上身抹白灰的围墙则更似江南园林白粉墙的素净清雅。

（4）块石墙

块石墙是用开采后呈不规则多面体的块状天然石材砌筑的墙体（图12）。一般要求块石的长边不小于墙厚的三分之二，短边不小于墙厚的三分之一，厚20～25厘米。外形要求有座面（大面）和照面（较整齐的面），以平面较多为好[17]。

方正石和条石墙体所用石料可为各种石料，如花岗岩、青白石、汉白玉等。石料应事先加工成规格料（长度可灵活）。石料的表面可根据不同的要求加工成多种形式，如蘑菇石、砸花锤、打道、剁斧或磨光等。砌筑时可以铺灰，也可以干砌灌浆。石块的

图11-1

图11-2

图11-3

图12-1

图12-2

图11-1 / 圆明园四十景图咏－月地云居

图11-2 / 圆明园四十景图咏－鸿慈永祜

图11-3 / 圆明园四十景图咏－西峰秀色

图12-1 / 圆明园四十景图咏－坦坦荡荡

图12-2 / 北海永安寺

后口要垫石片或铁片（汉白玉宜用铅铁片）。石料之间可用铁活（如扒锔子、铁"银锭"）进行连接。石墙与其他砌体之间可用铁"拉扯"进行连接[18]。砌筑工艺流程中铺灰法分为摽底拴线、砌筑、勾缝三步，灌浆法分为摽底拴线、摆砌、勾缝、灌浆四步。

块石墙的质感或粗糙古朴，或光滑密致，加之形体规整，有古朴庄重之感。

（5）篱笆墙

竹篱即通常所说的篱笆墙，又称篱垣、篱棘、栅栏、花障、青篱、竹木围墙、花篱

图13-1

图13-2

图13-3

图13-1／圆明园四十景图咏－碧桐书院

图13-2／圆明园四十景图咏－水木明瑟

图13-3／圆明园四十景图咏－武陵春色

墙等（图13）。我国自古就有以篱代墙的做法，即以茂密植物或植物制作的屏障替代围墙。宋《营造法式》"小木作"部分写到："露篱，其名有五，一曰槮，二曰栅，三曰櫋，四曰藩，五曰落，今谓之露篱。"[19]书中规定露篱由地栿、横钤、立旌等木构件构成。《园冶·墙垣》载："凡园之围墙，多于版筑，或于石砌，或编篱棘。夫编篱斯胜花屏，似多野致，深得山林趣味。"指出了篱笆墙作为围墙的一种，更富山野之趣。

《万寿山工程则例·圆明园杂项则例》记载了圆明园工程中竹篱的原料及成本："竹篱，每长一丈用桐皮槁三根，长八尺竹片一百三十斤，头号雨点钉十五个，木匠二工半，壮夫半名。"竹篱即用竹、木等植物加工成条状材料编制成的围墙或屏障，主要有方格、菱形格、花格等形状，是一种具有防护、围合作用的园林景观。竹篱旁适宜种植攀缘性植物依附其生长，以增添"春色满园关不住"的自然生趣，也因此成为诗人笔下田园风光的代名词："采菊东篱下""荒苔野蔓上篱笆"。

陈从周《中国园林鉴赏辞典》："墙上开设洞门漏窗起到'引景''漏景'的作用，有时也可以竹木编织的篱笆代替，其上的疏格不仅有漏窗的效用，而且篱边种植一些攀援开花植物使之美似花屏，得自然之野趣。"

二 墙体形式

园林中的围墙除直角相交的规整墙体之外，还有折墙、曲墙（图14）、云墙（图15）、叠落墙（图16）等，适应地形起伏变化及园林空间设计的需求。折墙、曲墙是指园墙的平面形式为折线或曲线。云墙依地势砌筑，墙顶形成弧形的起伏变化，线条流畅，轻盈飘逸。叠落墙分为多段，随地势而建，墙顶水平但每段不在同一高度，参差错落。

为起到空间划分的作用，园中园内多设矮墙（图17），既构成景观层次感，又有遮挡维护的作用。

三　砖檐、墙帽的形式

墙帽位于墙身顶端，主要作用是防止雨水渗漏到墙体内部，减小水流对墙面的冲刷，并有一定装饰作用。墙帽常见的类型有宝盒顶、馒头顶、道僧帽、眉子顶（真硬顶、假硬顶）、鹰不落、蓑衣顶、兀脊顶、瓦顶、花瓦顶、花砖顶等（图18）。砖檐的形式取决于墙帽的形式，两者之间常有较固定的搭配关系[20]。

第三节
清代皇家园林园墙的遗存

本节通过对颐和园、圆明园、北海、香山静宜园等园林的园墙进行实地调研，梳理了清代皇家园林园墙的分布及遗存现状。

图14-1

图15

图14-1 / 静宜园全貌图中香山永安寺曲墙
图14-2 / 静宜园香山寺曲墙
图15 / 北海亩鉴室云墙
图16 / 颐和园转轮藏叠落墙
图17-1 / 静宜园香山矮墙
图17-2 / 北海公园白塔上矮墙

图14-2

图17-1

图16

图17-2

图18-1

图18-2

图18-3

图18-4

图18-5

图18-6

1.3.1 颐和园园墙遗存

一 颐和园园墙名称说明

　　由清代留存的文字资料及样式雷图等可见，颐和园园墙的名称由来已久。绝大部分资料显示其名称为"大墙"，如样式雷图档《颐和园万寿山北面大墙补砌增高尺丈图样》《昆明湖添建大墙做法图》《颐和园周围建筑大墙做法图》，以及做法册《昆明湖大墙宫门桥座涵洞等工做法清册》和钱粮册《万寿山前添修大墙宫门角门并桥座涵洞泊岸等工丈尺钱粮册》等；极少部分资料中称其为"墙垣""围墙"，也有"院墙"的说法，新中国成立后的资料中，对颐和园园墙名称说法不一。"围墙"与"大墙"称呼较多，有时也不加区分，少数资料有"园墙"之称，还有依据墙的走向称其为"南北墙"，以及"围垟""垣垟"等等多种叫法。为避免混乱影响阅读，并尊重史料，下文除原文资料外均统一其名称为"园墙"。

二 颐和园园墙遗存情况

清漪园时期仅北侧建有园墙，东自文昌阁始，经东宫门向北，在霁清轩折而向西经北宫门，在西宫门处折而向南，至宿云檐城关结束。现有墙体多数为光绪时期的遗存。东、西、南三侧园墙为光绪时期修建，东起文昌阁，往南至南如意门折而往西，绕藻鉴堂湖，至玉带桥往北至西宫门[21]。

现今颐和园四周均有园墙（图19）。以东宫门、新建宫门、南如意门、西门、北如意门、霁清轩为节点，将园墙遗存分为6段，以下逐一介绍。

图19 / 颐和园园墙分布图

东宫门 — 新建宫门段　此段园墙局部由内外两层组成。东宫门南侧园墙在文昌院北向西折成为内侧园墙，进而南折，经过文昌阁继续向南沿荷花池西岸砌筑，直至新建宫门止。外侧园墙北端自文昌门南侧始，过苇场门斜向西南与荷花池西侧的园墙相接（图20），新建宫门北侧亦有一段外墙，外墙略低于内墙（图21）。在构造做法上，东宫门南侧园墙为干摆下碱，抹红灰上身，灰瓦顶墙帽（图22）。其余为虎皮石墙，宝盒顶墙帽。

新建宫门 — 南如意门段　此段园墙始于新建宫门南侧，沿昆明湖东岸布置，先向西南继而折向东南，至南如意门止。均为虎皮石墙宝盒顶墙帽，墙根砌筑条石，外侧清晰可见（图23）。1957年，临近南如意门段园墙因修筑公交车道而内移，南如意

图20／苇场门区域双层墙

图21／新建宫门北侧双层墙

图22／东宫门南侧园墙

图23-1／新建宫门 — 南如意门段园墙（内侧）

图23-2／新建宫门 — 南如意门段园墙（外侧）

图24／南如意门上原园墙痕迹清晰可见

门山墙上可见原园墙痕迹（图24）。

南如意门—西门段　此段园墙自南如意门旁京密引水渠西岸始，向西北沿京密引水渠西岸布置，但并非紧贴岸线，至西门结束。此段园墙为虎皮石墙宝盒顶墙帽（图25）。中段有涵洞将水引向园外（图26）。外部紧贴园墙的违章建筑亦砌筑虎皮石围墙，但勾缝手法粗糙，影响环境美观（图27）。

西门—北如意门段　此段园墙始于西门北侧，包绕团城湖西岸，沿耕织图景区西侧的京密引水渠向北延伸，在水闸处中段，水闸东侧接续直至北如意门西侧。水闸东侧一段园墙有明显的加高痕迹。此段园墙为虎皮石墙宝盒顶墙帽（图28、29）。

图25／南如意门—西门段园墙

图26／南如意门—西门段涵洞

图27／南如意门—西门段外部建筑

图28-1／西门—北如意门段园墙内侧

图28-2／西门—北如意门段园墙外侧

图29／西门—北如意门段园墙水闸

北如意门——霁清轩段 此段园墙位于颐和园北面，始于北如意门东侧，向东经北宫门至霁清轩。此段园墙绝大部分墙体为光绪时期重修，虎皮石墙宝盒顶墙帽，多处可见清末墙体加高痕迹（图30、31）。

霁清轩——东宫门段 此段园墙分内外两层，外侧园墙紧邻宫门前街，由霁清轩向南至东宫门前的环路，为虎皮石墙，局部墙体有增高痕迹（图32）。东宫门北侧为

图30／北如意门——霁清轩段园墙外侧

图31-1／霁清轩附近加高痕迹

图31-2／眺远斋墙体拆砌痕迹

图32／东宫门北侧园墙增高痕迹

图33／东宫门北侧园墙

图34／霁清轩——东宫门段内侧园墙（鹰不落墙帽形式）

干摆下碱，抹红灰上身，灰瓦顶墙帽（图33）。内侧园墙有两种形式；第一种为砖墙虎皮石下碱，上身外抹白灰，鹰不落墙帽形式（图34）；第二种为虎皮石形式。

1.3.2 圆明园园墙遗存

据侯兆年《圆明园遗址的大墙、园门、沿墙水闸勘察设计报告》（1997年）[22]：圆明三园在扣除各园之间的夹墙，绕圆明园三园一周外围墙原长约11170延米。大规模拆墙是清王朝灭亡后，全园无人管理，军阀军队拆墙盗卖，教堂也大量盗运园墙砖，20世纪30年代将北园墙、西园墙全部拆毁，仅余残墙200多米，残破不堪，多为农户院墙才得以保存。长春园北墙及东墙、绮春园东墙及宫门西墙于1985年复建。此文还将圆明三园园墙遗存分为17段并分别考察记录，是关于20世纪末圆明园园墙遗存情况的珍贵资料。此勘察报告提出以修复圆明园本园园墙为主，同时修复绮春园西墙和南墙，同1985年复建的园墙相接，使园之外墙连为一体，将圆明园三园围成一园（图35）。

图35 / 圆明园园墙分布图

圆明园园墙多为虎皮石墙，仅宫门两侧有部分砖墙。图中红色线圈出圆明园的范围。南门至东南门一段，园墙内外侧建筑遮挡严重，无法清晰画出其界限，但从其他部分墙可以判断，圆明园园墙多为虎皮石墙。

圆明园南墙大部分为虎皮石墙宝盒顶墙帽，南墙上有五处开门（图36），两处以灰色砖墙相隔；一处较小，有门楼，并用灰砖挡上；一处开口较大，砖砌挡上；另一处为栅栏门。西南角为藻园门，供游

图36-1

图36-2

图36-3

图36-4

图36-5

图37

图38

图39

图40

客通行。圆明园西墙（图37）紧邻万泉河路，虎皮石墙宝盒顶墙帽，西墙中段开有一门（图38）。圆明园北墙为双层墙，两层墙之间距离约10米，内层墙为虎皮石墙宝盒顶墙帽，外层墙为虎皮石墙上加栅栏，大北门以栅栏围挡（图39）。

长春园东墙为虎皮石墙（图40），北段开有两门。长春园南墙宫门即圆明园东南门两侧为砖砌红墙（图41）。绮春园南墙多为虎皮石墙（图42），正觉寺山门两侧为干摆下碱，上身糙砖抹红灰，冰盘檐灰瓦顶（图43）。绮春园西侧与北京一零一中学相邻，中间以栅栏相隔，极少一段是灰色砖墙，至三园交界处栅栏与虎皮石墙相接（图44）。

图41

图42

图43

图44

圆明园园墙分布图中黄线部分表示园内虎皮石墙位置情况，在三园交界处有虎皮石墙相隔。

1.3.3 北海园墙遗存

北海是我国现存历史最悠久、格局保存最完整的皇家园林，历经金、元、明、清各代的经营建设，形成琼岛、团城、太液池东岸和北岸四个景区。

北海现存园墙（图45）包绕东、北、西三面，南侧仅团城筑有城墙式围墙，其东有园墙相连，西侧则仅用栏杆围护。东面园墙位于山体及园中园之后，外侧为居民区，较为隐蔽（图46）。墙体上身为糙砖抹红灰（局部可见砖砌下碱）或青砖露明，砖檐为菱角檐，墙帽有蓑衣顶、馒头顶、瓦顶等形式。

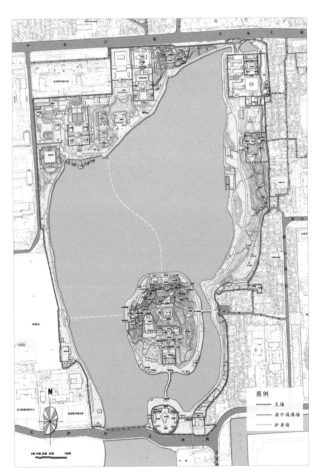

图45 / 北海园墙分布图

图46-1 / 北海东面园墙南段

图46-2 / 北海东面园墙中段

图46-3 / 北海东面园墙北段

北面园墙主要位于平安大街沿线，从北京四中东侧南折，至其南侧再西折，墙体形式多样，存在同一段墙内外处理方式不统一的现象。东段墙体为糙砖抹月白灰、蓑衣顶。中段墙体在园内一侧下碱抹月白灰、上身抹红灰；园外一侧则为青砖露明，菱角檐蓑衣顶。西段园墙一小部分为石块及城砖干摆下碱，糙砖抹红灰上身，绿琉璃瓦顶；大部分为干摆下碱（外侧抹月白灰、内侧露明），上身糙砖抹红灰，绿琉璃瓦顶（图47）。

西面园墙始自小西天以西，南段沿太液池西岸布置。北段为干摆下碱，上身糙砖抹红灰，冰盘檐灰瓦顶。中段园墙现为青砖露明，冰盘檐灰瓦顶，局部墙体可见抹灰脱落痕迹。南段墙身下碱抹月白灰、上身抹红灰，砖檐墙帽部分为菱角檐蓑衣顶，部分为冰盘檐灰瓦顶。最南端的100余米已无园墙遗存，现为围栏（图48）。

图47-1

图48-1

图47-2

图48-2

图47-1 / 北海北面园墙中段内
图47-2 / 北海北面园墙西段内侧
图48-1 / 北海西面园墙北段
图48-2 / 北海西面园墙中段
图48-3 / 北海西面园墙南段

图48-3

园中园园墙主要分布在琼岛、太液池东岸及北岸。

琼岛：南坡的永安寺园墙主要为丝缝下碱，糙砖抹红灰上身，冰盘檐绿琉璃瓦（图49）。此外，还有大量台地园林常见的护身墙（图50），墙身为砖砌（部分抹灰）或花砖，墙帽为兀脊顶。琼岛北坡园墙形态自由，高低起伏，多为曲墙，将北坡划分出不同的区域。上身抹白灰，上覆花瓦顶，园林氛围浓厚。西坡则有花瓦顶的红墙及灰瓦顶的白墙等多种形式（图51）。

太液池东岸：画舫斋园墙与琼岛北坡的园墙形制相似，但存在下碱砖块酥碱、抹灰

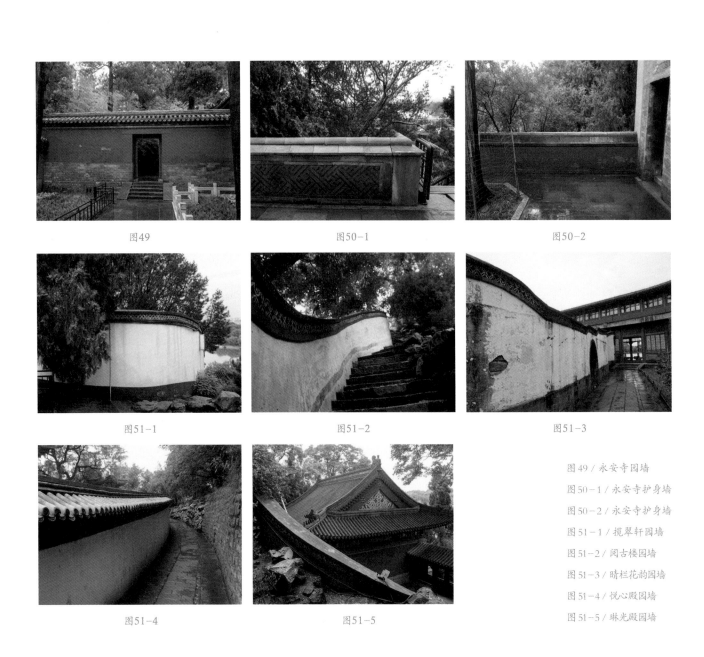

图49   图50-1   图50-2

图51-1   图51-2   图51-3

图51-4   图51-5

图49 / 永安寺园墙

图50-1 / 永安寺护身墙

图50-2 / 永安寺护身墙

图51-1 / 揽翠轩园墙

图51-2 / 阅古楼园墙

图51-3 / 晴栏花韵园墙

图51-4 / 悦心殿园墙

图51-5 / 琳光殿园墙

图52   图53   图54

图52 / 画舫斋园墙

图53 / 先蚕坛围墙

图54 / 静心斋园墙

图55-1 / 大西天园墙

图55-2 / 阐福寺园墙

图55-1   图55-2

剥落等情况（图52）。先蚕坛围墙平面呈方形，下碱抹月白灰，上身抹红灰，冰盘檐绿琉璃瓦（图53）。

太液池北岸：静心斋园墙形制同琼岛北岸相似，平面为灵动的曲线，与园墙共同围合出园中园的空间（图54）。大西天、阐福寺的园墙则平面规整，干摆或丝缝下碱，糙砖抹红灰上身，上覆瓦顶（图55）。

总的来说，北海的园墙不完全封闭，但比较连贯，形式多样，尤其是北面园墙或受城市建设等因素影响，形式较为杂乱。园中园的围墙形式因建筑群的性质而异，寺庙、坛庙建筑多用红墙，覆盖琉璃瓦，平面规整。园林建筑的围墙则自由灵活，依地形起伏变化，有云墙等富有园林特色的形式，色彩多为白色，有多种花样的花瓦顶。

1.3.4 香山静宜园园墙遗存

香山静宜园在京城西北郊"三山五园"中相地最胜，规格最高，是融自然、历史、人文景观于一体，独具山林特色的皇家园林典范。始建于金大定二十六年（1186年），距今已有近900年的历史，占地

188公顷。香山寺曾为京西寺庙之冠，清乾隆十年（1745年）曾大兴土木建成名噪京城的二十八景，乾隆皇帝赐名静宜园。

从样式雷图档《同治朝西郊水利整治图》（国125-008）中，可看出同治时期静宜园的别垣园墙以及外垣和内垣南侧园墙依然存在（图56）。香山静宜园的建筑大多依山而建，零散分布，山景与建筑相连，前呼后应。内垣在东南部的半山坡的山麓地段，包括宫廷区和古刹香山寺、洪光寺两座大型寺庙。外垣是香山的高山区，面积广阔。别垣是在静宜园北部的一区，内有昭庙和正凝堂两组建筑。而如今这些园墙大多不复存在，仅有少段墙体遗存。静宜园内多采用虎皮石墙，另有部分园墙依据建筑形式采用砖墙、乱石墙等。

东门两侧园墙为干摆下碱，抹红灰上身，灰瓦顶墙帽（图57）。

香山寺院墙以虎皮石下碱，抹红灰上身，屋脊顶墙帽为主（图58），依山部分为虎皮石墙做挡土墙。寺内多为抹红灰墙身，屋脊顶墙帽的护身墙（图59），高不足1米，用于院落的划分。香山寺依山逐级而上，寺内可见虎皮石墙、灰砖墙及条石墙用做挡土墙（图60）。

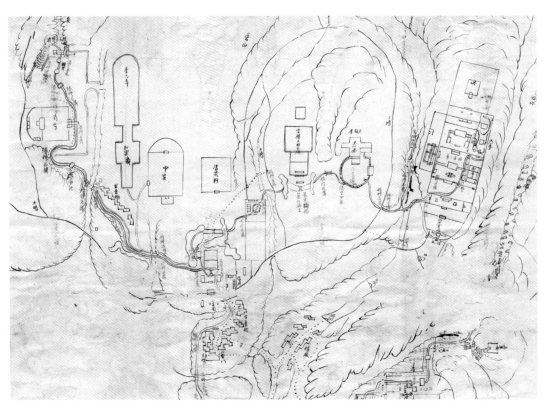

图56／《同治朝西郊水利整治图》（国125-008）

图 57 / 香山东门两侧围墙

图 58 / 香山寺院墙

图 59 / 香山寺内护身墙

图 60-1 / 香山寺虎皮石挡土墙

图 60-2 / 香山寺灰砖挡土墙

图 60-3 / 香山寺条石挡土墙

来青轩，静宜园二十八景之一，原建筑为斋室五楹，民国时期在遗址上改建成公寓。1949年，中共中央进驻香山期间，朱德、刘少奇、周恩来、任弼时四位领导人在此居住办公。从外可见来青轩部分院墙为虎皮石下碱，灰砖砌上身且有明显分层；部分院墙为乱石堆砌而成（图61）。

雨香馆，静宜园二十八景之一，建于明代。2015年按原貌复建。以虎皮石墙围合而成，馒头顶墙帽（图62）。

图61-1

图61-2

图61-3

图62

图61-1 / 来青轩遗址大门

图61-2 / 来青轩虎皮石下碱，灰砖上身

图61-3 / 来青轩乱石墙

图62 / 雨香馆院墙

致远斋始建于清乾隆十三年（1748年），为皇家宫殿区。院墙形式有两种，一种为灰砖干摆下碱或虎皮石下碱，白灰上身，冰盘檐灰瓦，且墙身开形式各异的漏窗；另一种为虎皮石墙，花瓦顶（图63）。

见心斋建于明嘉靖年间，依地势起伏地形变化建云墙围合而成，虎皮石下碱，上身砖砌抹白灰，宝盒顶墙帽（图64）。

双清别墅，二十八景之一，原是清代皇家园林香山静宜园"松坞山庄"旧址，是中国共产党领导下的人民解放战争走向全国胜利的指挥部，是筹备召开新政协、建立新中国的历史见证地。双清别墅一侧依山，一侧以虎皮石墙围合而成（图65）。

图63-1　　　　　　　　　　图63-2　　　　　　　　　　图63-3

图63-4　　　　　　　　　　图64-1　　　　　　　　　　图64-2

图63（1～4）/致远斋院墙

图64（1、2）/见心斋院墙

图65（1、2）/双清别墅的虎皮石墙

图65-1　　　　　　　　　　图65-2

碧云寺是一组布局紧凑、保存完好的园林式寺庙，寺院坐西朝东，是以排列在六进院落为主体，南北各配一组院落，层层殿堂依山叠起，由300多级阶梯式地势而形成的特殊布局。

碧云寺大门两侧一小段墙为干摆下碱，抹红灰上身，灰瓦顶墙帽；其余为虎皮石墙，灰瓦顶墙帽（图66）。

寺内多为干摆下碱，抹红灰上身，墙帽形式有灰瓦顶、宝盒顶（图67）。还有抹红灰护身墙，有馒头顶墙帽，也有屋脊顶墙帽。有一段为虎皮石下碱，抹白灰上身，花瓦顶墙帽（图68）。另有虎皮石墙及块石墙做挡土墙（图69）。

静宜园垣墙为虎皮石墙，清乾隆时期为廓定静宜园范围，建此墙约5000米，围成三个景区，其中内垣二十景、外垣八景，合称静宜园二十八景。2004年重修内垣墙（图70）。

园内可见多处虎皮石墙作为挡土墙，高者可达10多米，分层而建。出口处多为虎皮石墙。另有虎皮石墙做矮墙围成绿化带（图71）。

图66-1

图66-2

图67-1

图67-2

图66（1、2）/碧云寺院墙
图67-1/碧云寺宝盒顶墙帽的红墙
图67-2/碧云寺灰瓦顶墙帽的红墙
图68/碧云寺白灰墙
图69-1/碧云寺馒头顶护身墙，虎皮石挡土墙
图69-2/碧云寺屋脊顶护身墙、块石挡土墙
图70（1、2）/静宜园重修的内垣墙
图70（3、4）/静宜园外垣墙遗址
图71（1～3）/静宜园虎皮石墙做挡土墙
图71-4/静宜园东门出口处虎皮石墙
图71-5静宜园虎皮石矮墙

图68

图69-1

图69-2

图70-1

图70-2

图70-3

图70-4

图71-1

图71-2

图71-3

图71-4

图71-5

1.3.4 承德避暑山庄虎皮宫墙遗存

避暑山庄始建于康熙四十二年（1703年），历经清康熙、雍正、乾隆三朝，耗时89年建成，占地564万平方米，是中国现存占地最大的古代帝王宫苑。其外围墙采用当地自产石材修建，又叫虎皮宫墙。宫墙高约6～10米，基部宽3米，顶部宽2米，平均厚度1.3米，全长近10公里。墙体上加"品"字形雉堞，内侧设有马道，有"小八达岭"之称[23]。

热河行宫时期，康熙四十二年（1703年）至四十七年（1708年），开湖筑堤，形成了澄湖、如意湖、上湖、下湖、内湖、半月湖，东部的银湖和镜湖在这个阶段还没有开辟。当时宫墙的出水闸的位置在现在的水心榭。康熙四十八年（1709年）至康熙五十二年（1713年），又向东、向南扩建。东面增辟了镜湖、银湖，原来下湖与新扩的银湖之间的水闸上筑起水心榭。康熙五十二年，山庄宫墙在原有基础上增厚加高，正式建成。乾隆十九年（1754年），避暑山庄进行大规模扩建，对宫墙又进行了修整和增建。将原来稍偏东的宫门向正南移建，即现在的丽正门。嘉庆年间，山庄宫墙在原有基础上再次加高，永佑寺东侧一段宫墙向东挪砌加宽，形成现有宫墙形态（图72）。

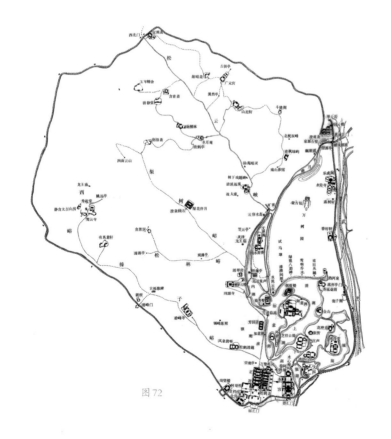

图72

图72 / 承德避暑山庄虎
皮宫墙分布图
（选自《承德古建筑》）
图73（1、2）/ 避暑山
庄北侧虎皮宫墙
图74（1、2）/ 避暑山
庄外侧雉堞、内侧宇墙

山庄西北侧为山区，占总面积五分之四。西北侧的虎皮宫墙建在连绵不断的山脊之上（图73）。虎皮宫墙采用虎皮石堆砌，顶部用青砖砌成马道和雉堞。在二马道区域，虎皮宫墙上端外侧有"品"字形雉堞（或称垛堞），内侧有宇墙（或称女墙）（图74），沿踏跺登临虎皮宫墙，俨然一种身临八达岭之感，"小八达岭"之称名副其实。

山庄西南侧虎皮宫墙紧邻碧峰门大街，顺地势从南向北逐渐升高。由于内外高差的存在，此段宫墙高度均在10米左右，与西侧居民楼房齐平。在历年的修缮中，不断地对墙体进行局部的拆砌修补，使得虎皮宫墙的补砌痕迹明显，虎皮石材质、勾缝灰材质以及勾缝手法杂乱不一（图75）。

山庄南侧从东至西分别有德汇门、城关门和丽正门（图76），由此三门可进入宫殿区和平原区。此段宫墙下端用虎皮石堆砌，上端外侧有"品"字形雉堞，内侧马道上有排水槽（图77）。

山庄东侧有两种不同材质的宫墙：自惠迪吉门（现避暑山庄管理处）向南至流杯亭门南侧为大料石基础、青砖砌筑墙身，上端外侧为"品"字形雉堞（图78）；流杯亭门南侧，砖墙与虎皮石墙相接（图79），自此向南均为虎皮宫墙（图80）。

图73-1

图73-2

图74-1

图74-2

图 75 - 1　　　　　　　　　　　图 75 - 2　　　　　　　　　　　图 75 - 3

图 76 - 1　　　　　　　　　　　图 76 - 2　　　　　　　　　　　图 76 - 3

图 77 - 1　　　　　　　　　　　图 77 - 2　　　　　　　　　　　图 78

图 79　　　　　　　　　　　图 80

图 75（1～3）/ 避暑山庄西侧虎皮宫墙

图 76（1～3）/ 避暑山庄德汇门、城关门、丽正门

图 77（1、2）/ 避暑山庄南侧虎皮宫墙

图 78 / 避暑山庄东侧砖墙

图 79 / 避暑山庄砖墙与虎皮石墙交接处

图 80 / 避暑山庄东侧虎皮宫墙

第二章

颐和园园墙
历史研究

第一节
颐和园园墙概述

2.1.1 颐和园概述

颐和园位于北京西北郊，总占地面积300.9公顷，主要由山、湖、河、堤、岛组成。其前身清漪园始建于乾隆十五年（1750年），咸丰十年（1860年）被英法联军焚毁，光绪十二年（1886年）重建，光绪十四年（1888年）更名为颐和园。

颐和园集传统造园艺术之大成，借景周围的山水环境，既有皇家园林恢宏富丽的气势，又充满了自然之趣，高度体现了中国园林"虽由人作，宛自天开"的造园准则。1961年3月4日，颐和园由中华人民共和国国务院公布为第一批全国重点文物保护单位。1998年12月2日，由联合国教育科技与文化委员会第22届世界遗产大会通过列入《世界遗产名录》。2007年2月18日，被建设部批准为中国第一批国家重点公园。2007年3月7日，被国家旅游局批准为国家首批5A级旅游景区。

2.1.2 园墙概况

颐和园现东、西、南、北四面均有园墙，且封闭围合。北面园墙（**图81**）建于清乾隆时期，高约3米，砌筑在东、西两座城关之间，东起文昌阁城关，往北至霁清轩折而往西，绕过万寿山北麓的后湖北岸，至北如意门再折而往南，止于宿云檐城关。

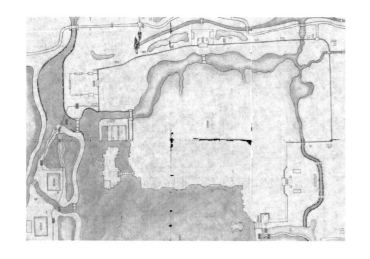

昆明湖的东、南、西沿岸均不设园墙，园内园外联成一片。

光绪十七年（1891年），重修颐和园时在昆明湖东、南、西三面增建园墙，东起文昌阁城关，往南至南如意门折而往西，绕藻鉴堂湖，至玉带桥往北至西宫门（图82）。

光绪三十一年（1905年），因革命党人吴樾向清政府出洋大臣投掷炸弹，为加强防守，北面园墙又增高三尺（约1米）（图83）。

颐和园园墙历经一百多年，期间因地震、自然残损、人为破坏等原因经历多次维修和拆砌。现有墙体只有北侧园墙多数为光绪时期的老墙，其余各面墙体大部分为民国时期和解放后砌筑的墙体。

新中国成立后由于园墙墙体松

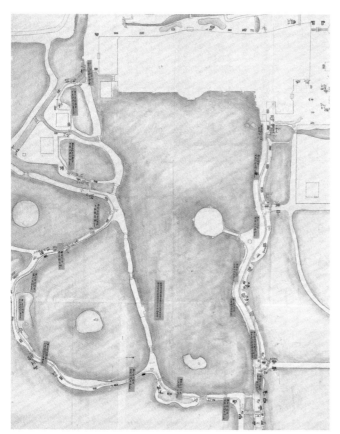

图81 / 颐和园周围建筑大墙做法图

图82 / 昆明湖周围添建大墙图

图83 / 颐和园万寿山北面大墙补砌增高尺寸图样

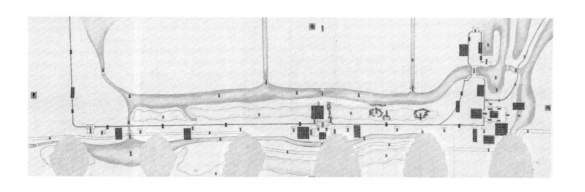

散、倒塌等原因进行过部分修缮和重砌，但未进行全面修缮。20世纪70年代，颐和园西、南园墙外被占用，大部分住户利用园墙进行私搭乱建，对墙体及基础破坏较为严重。20世纪90年代后期，进行居民搬迁和腾退，仍未进行全面修缮。

由于颐和园园墙历史年代久远，虽然进行过局部保养性修缮，但并未进行全面维修。全部园墙除部分近年修缮的段落外，普遍存在以下问题：墙体高矮不一、用料杂乱；墙体开裂、鼓闪；墙帽做法多样；堵砌、补砌后的勾缝手法不一；常年未得到维护的墙体勾缝灰脱落；墙内砌筑的灰浆因雨水及植物根系的原因而大量流失。墙内砌块松动，墙体内外侧因散水的缺失，地面高低不平而排水不畅以及绿地灌溉对墙根的影响，致使墙体长期处于潮湿环境之中，灰浆粉化、流失，基础不同程度出现沉降、变形，直接导致墙体外闪、开裂，在每年雨季都会出现坍塌现象。

2.1.3 园墙的周边环境

乾隆时期，将"三山五园"庞大的园林集群作为景致的外延统筹考虑，清漪园以绵延起伏的西山为远景，以静明、圆明、畅春、静宜四园为借景，互为因借，相互协调，彼此构景，浑然一体。清漪园一反皇家园林的修造惯例，昆明湖沿岸仅设北面园墙，整个昆明湖东、南和西侧不设墙。将园外的田畴、村舍、园林纳入自身的景观体系中，园内园外浑然一体，从而构成了一个以"三山五园"为主体的和谐统一的园林组群（图84）。园外阡陌纵横，村舍错落，炊烟袅袅，柳色青青，这些与西堤上的草亭、草房及仿江南的水乡村居极其自然地融合在一起。园内所设的部分园墙或以树林遮挡，或以山丘掩蔽，园内外景观联缀成为一体。这种开敞的借景手法使有限空间通过视觉延伸而扩大，深得园林造景"俗则屏之，佳则收之"的旨趣。

光绪时期，增建东、南、西三面园墙，割断了园内景观与园外风光的自然联结，破坏了清漪园通透开阔、气度恢宏的造园风格。增建的园墙将仿江南水乡而建的耕织图遗址划出园外，改建水师学堂，减少了清漪园原有的江南情趣与田园风味。

1949年时，园墙周边的建筑大部分与颐和园有较大距离，建筑的高度也比较低矮。当时，颐和园两侧是大片稻田，曾一度是著名的京西稻产地（图85）。万亩良田，为

图 84 - 1　　　　　　　　　　　　　　图 84 - 2

图 84 - 3　　　　　　　　　　　　　　图 84 - 4

图 85 - 1　　　　　　　　　　　　　　图 85 - 2

图 84（1～4）/ 崇庆皇太后《万
寿庆典图》局部
图 85（1～3）京西稻老照片

图 85 - 3

颐和园周边营造了良好的绿化环境。

到了1979年，随着人口的增长，城市的发展，周边的建筑逐步逼近。尤其是颐和园北面的建设量较大，万寿山后的园墙外已被建筑包围。这时南部和西部还保留着一部分稻田，但其中已有少量建筑出现。

至1994年，园墙的周边已几乎被城市建设所包围，南面尚有一部分是农田和果林用地，但其中夹杂着大量的村镇住宅和工业用地。北面的用地大部分被学校和军事用地所占，最近处甚至紧贴在颐和园园墙外，机动车道紧邻园墙。

至2009年地铁四号线北宫门站通车，更是将出入口建设在紧邻北宫门东侧园墙外。

2.1.4 园墙的历史价值

颐和园园墙在园林造园技术上具有较高的艺术价值，此外还具有较高的观赏价值，同时还具有重要的防卫、分割景区的功能，是保护颐和园景区和园内珍贵文物的重要安全防线。

艺术价值。颐和园园墙石材取自燕山山脉自然形成的山石，色泽貌似虎皮，俗称虎皮石。石体多棱角，形状变幻丰富，质地坚硬，经流水的长期冲刷侵蚀，发生差异风化，形成千姿百态的造型，在园林造园技术上具有较高的艺术价值。

观赏价值。颐和园园墙随着颐和园周围地势高低起伏、错落有致，与园内的湖岸、园林、古建、山峦等景观协调呼应，形成一道独特的风景线，具有较高观赏价值。

文物价值。颐和园园墙是颐和园古建筑及景观不可分割的一部分，且具有重要的防卫、分割景区的功能（园墙之内是核心保护区，园墙之外50～100米是基本保护地带），是保护颐和园景区和园内珍贵文物的重要安全防线。

原有园墙由于多年修缮、补配，高低不一，且石质发生变化，失去了美感，降低了颐和园的整体价值，同时存在较大的安全隐患。为了更好地保护颐和园这处世界文化遗产，对园墙进行整体修缮已迫在眉睫。通过整体的修缮，排除园墙现有险情，修复坍塌的园墙，修缮自然力和人为造成的损伤，制止新的破坏，真实、全面地保存并延续其历史信息和全部价值。

第二节
颐和园园墙历史沿革

颐和园园墙是世界文化遗产颐和园文物构筑物的重要组成部分，它不同于故宫的红墙黄瓦，而是采用在"三山五园"地区普遍使用的虎皮石墙。然而，历史上颐和园的园墙却历经沧桑变化，大体经历了从无到有，从半封闭到全封闭，从低到高的演变过程，园墙的变化与颐和园的历史发展息息相关。

2.2.1 清漪园时期的园墙

在清漪园营建之前，西湖瓮山一带是京城西北郊的一处著名的风景名胜区，尤其西湖美妙天成的自然景象，被称作西湖景，成为京城百姓游玩赏景的胜地，同时也吸引着达官贵人和统治者徜徉其间。在西湖周围，稻田、寺庙、村庄星罗棋布，共同组成一幅宛如江南的优美画卷（图86）。

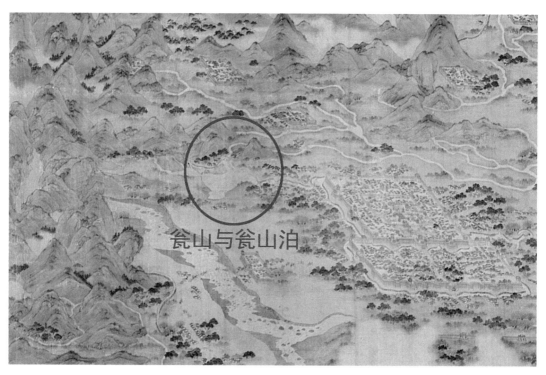

图86 / 京杭道里图中的瓮山与瓮山泊

为了保持与周围景观的视觉廊道，乾隆皇帝在营造清漪园时，只在北面建造园墙，在以后清漪园的百年时间里，园墙时有坍塌和修缮，但没有大的变化。从仅存的道光年间的《清漪园地盘全图》（国343－0666）（图87）分析，园墙虽只用单线画出，但仍可看出北面园墙的范围——在东西两座城关之间，东起文昌阁城关，往北至霁清轩折而往西，绕过万寿山北麓的后湖北岸，至北如意门再折而往南，止于宿云檐城关。而东西南三面均通过水域作为分隔，自文昌阁城关向南的东面以大堤为界（图88～93）。另外从清宫档案中可见，官员认缴钱粮是园墙修缮资金的一个重要来源（图94）。

2.2.2 清末颐和园时期的园墙

清漪园被毁后，原旧园墙多有损毁，坍塌不齐，重新建园需要进行大规模的修缮。同时，重新建设的颐和园不再仅仅作为清王朝澄怀散志的行宫，而是增加了居住、办公、外交等一系列功能，成为与紫禁城并列的晚清政治中心，相应的安全级别也需要提升，因此主要采取了增加园墙长度和高度的办法，自光绪十六年（1890年）开始添修园墙工程，并沿墙修建大量堆拨。

一　工程实施过程

根据设计与实施过程可以分为三个阶段：一是环昆明湖、西湖修建园墙；二是环昆明湖、西湖、小西湖修建园墙；三是增高万寿山后山园墙。

（1）环昆明湖、西湖修建园墙

光绪十六年（1890年），开展环昆明湖、西湖修建

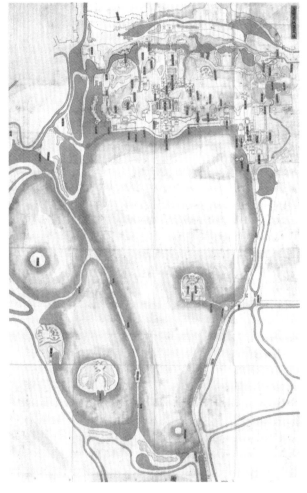

图87

图88

图89

图90

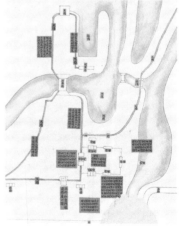

图91

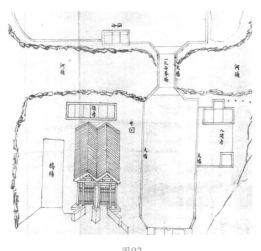

图92   图93

奏

茅崇綸跪

奏為恭謝
天恩仰祈
聖鑒事竊茅接閱家信以認交修理
清漪園大墙等處工程需用錢糧於道光二十九
年十一月初九日奉
旨崇綸著寬免銀五千兩等因欽此茅跪讀之下感
愧難名當即恭設香案望
闕叩謝
天恩伏念茅仰沐
聖慈涓埃未報因前在江寧織造任內有撯賠龍江
關短收盈餘並欠交御省養廉等銀一萬九千
皇上逾格恩施復准寬免欠項銀五十兩荷
聖恩寬免銀一萬兩今有續估
清漪園大墙等處工程茅認交需用錢糧畫蒙
銀兩巳蒙
九百餘兩未能完交特深惶悚嗣圖認交修工
深仁之疊沛非夢想所敢期惟有倍矢勤慎竭盡厥

图94

园墙的工程。由样式雷图档《昆明湖添建大墙做法图》（国 337－0149）（图 95）可看出，拟建园墙范围从文昌阁沿东堤到南宫门（即今南如意门），向西绕过昆明湖，并将西湖圈入墙内，将治镜阁和水操学堂划出墙外，从水操学堂东侧穿过，与西宫门相接。从图签信息还可以得知颐和园园墙总长，以及园墙外添建堆拨、官厅的具体位置和平面格局：

> 万寿山颐和园周围原有大墙凑长五百二十丈，昆
> 明湖新建修大墙一千八百四十四丈五尺，通共凑长
> 二千三百六十四丈五尺。

图 92 / 半壁桥处的园墙样式雷图
图 93 / 在半壁桥（石券桥）处的园墙老照片中，从拱圈中可见界湖桥和玉泉山
图 94 /《清宫颐和园档案》中关于官员认缴钱粮修缮园墙的记载

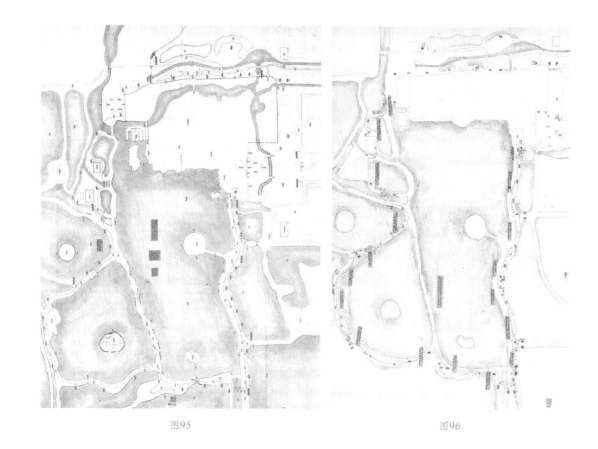

图95　　　　　　　　　　　　　　　　　　　　图96

图95 / 昆明湖添建大墙
做法图（国337－0149）
图96 / 昆明湖周围添建
大墙图（国339－0280）

（大墙）外建修堆拨共四十六座内，北面九座、东面
十七座，西面十二座，南面八座每座计三间，内拐角两座
计四间，每座远近当均五十丈。

周围大墙外建修挪修原有改用官厅计十座。

样式雷图档《昆明湖周围添建大墙图》（国339－0280）（图96）
中，以门、涵洞、桥为节点将此次添建的园墙分为18段，并记录每
段园墙的长度及总长，便于工程实施：

昆明湖周围大墙共凑长一千八百四十四丈五尺，俱至
拔檐露明均高六尺五寸，外砌墙顶。由文昌阁到二孔闸共
长……由二孔闸至德绘门腿子闸长……由腿子门至头座
涵洞长……有木板桥至五座涵洞……由十一座涵洞到西
宫门西墙长四十丈。

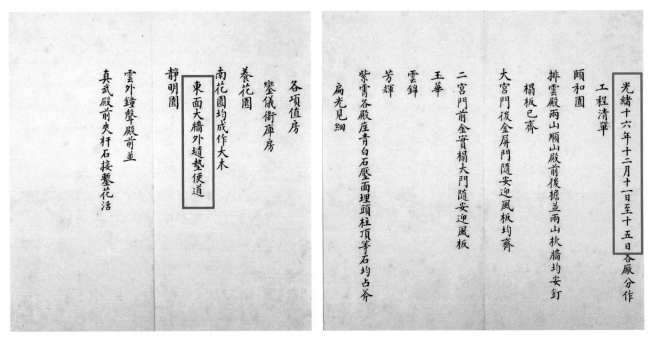

图97 / 光绪十六年关于颐和园东面园墙的档案

　　根据光绪十六年十二月十一日至十五日的工程清单（图97），已有"东面大墙外墙垫便道"的记载，东面园墙外修建道路应与添修东面园墙及墙外堆拨为同一时期，因此也说明光绪十六年底至少东面园墙的修建已完工。

　　另外，样式雷图档《昆明湖大墙宫门桥座涵洞等工做法清册》（国358-0021-3）中记载了园墙的做法，以及计划沿墙添建的宫门、腿子门、值房、堆拨、平桥和涵洞：

　　　　昆明湖东西南三面添修大墙凑长一千八百四十四丈五尺，内宫门腿子门
　　　　两边看面墙凑长三十丈，至拔檐下皮高九尺，其余长一千八百十四丈五尺，
　　　　至拔檐下皮均高六尺五寸。外下衬脚，埋深高一尺五寸，厚二尺五寸，埋深
　　　　满铺豆渣石一层，见缝下生铁银锭熟铁……，拘抿油灰缝墙深，并堆顶用
　　　　虎皮石砌，墙身拘抿青灰，墙顶抹饰青灰，拔檐尺二方砖一层，散水灰砌新
　　　　样城砖，地脚刨增，砣下柏木地钉，山石掐当，散水地脚筑打灰土二步。

　　　　绣漪桥迤南添修宫门一座三间……随东面大墙添新腿子门两座……随
　　　　东面大墙添修腿子门角门一座……西面大墙添修腿子门角门二座……南面
　　　　宫门外添建堆拨二座，门（内）添建值房一座……东面腿子门外添建堆拨
　　　　四座，门内添建值房二座……东面角门外添建堆拨一座，门内添建值房一

座……西面角门外添建堆拨二座，门内添建值房二座……新建宫门西山至玉带桥西添修五孔木板桥二座……南荇桥一孔平桥一座……绣漪桥迤西添修三孔涵洞一座……后学堂东南添修三孔涵洞一座……界湖桥西北添修五孔涵洞一座……西堤添修一孔涵洞四座……东堤原有二孔涵洞一座，今拟添安闸板四付……东堤原有一孔涵洞四座。

样式雷图档《万寿山前添修大墙宫门角门并桥座涵洞泊岸等工丈尺钱粮册》（国359-0051）中提到"以上各工共约估银二十六万七千五百两，外加价银二万两"。

（2）续展园墙工程（环昆明湖、西湖、小西湖修建园墙）

在上述环昆明湖、西湖修建园墙方案部分工程完工（至少东面园墙已完工）后不久，慈禧太后又懿旨："将治镜阁圈入颐和园内"。除了中国第一历史档案馆舆1612《万寿山颐和园前昆明湖周围大墙随西堤挪修大墙等图样》外，另有《昆明湖续展大墙并添修堆拨桥座添建海军衙门值房及东面大墙外补垫道路等工丈尺做法细册》（国358-0015、0019），两件档案除部分尺寸略有出入外，其他内容完全一致，涉及园墙做法、墙根下补垫岸堤、东面园墙外补垫道路，以及添修的堆拨、桥和涵洞等：

昆明湖东西南三面原拟添修大墙凑长一千七百七十九丈九尺七寸，今拟往西南展宽将治镜阁圈在大墙以内，计添修大墙长一百九十二丈七尺，挪修大墙长三百八丈五尺，共凑长五百一丈二尺。至拔檐下皮高六尺五寸，外下衬脚埋深高一尺五寸，厚二尺五寸，埋深满铺豆渣石一层，见缝下铁银锭熟铁……，拘抿油灰缝墙身，并堆顶用虎皮石成砌，墙身拘抿青灰，墙顶抹饰青灰，拔檐尺二方砖一层，散水灰砌新样城砖，地脚内长一百八十三丈，砣下柏木桩二路，其余砣下柏木地钉，长三百十八丈二尺，砣下柏木地钉山石掐当。散水地脚筑打灰土二步。

墙根下补垫堤岸，凑长二百八十五丈；内长六十三丈，垫宽二丈；长一百二丈，原宽一丈五尺，拟垫宽五尺；长一百二十丈，原宽四尺，拟垫宽一丈六尺，均高五尺，平垫素土，每高一尺行夯砣各一次。

随续展大墙添建堆拨三座每座三间……

随续展大墙添修三孔木板桥一座……

随续展大墙添修涵洞四座……

昆明湖东面大墙外拟补垫道路凑长六百三十五丈七尺，宽一丈五尺内，北一段长二百九丈七尺均垫高六尺九寸四分，南一段长四百二十六丈均垫高四尺七寸，俱外口筑打大夯砣灰土宽三尺，中心填筑大夯砣素土宽一丈二尺……

随东堤原有二孔闸一座今因补垫道路拟在二孔闸外口添修二孔石平桥一座。

《由绣漪桥南花牌楼前起顺东堤边至德会门前墙垫土道一段画样》（国344－0750）和《（东堤添建堆拨图）》（国399－0278）记载了东面园墙外补垫道路的画样，且据光绪十七年（1891年）七月初一到初五日颐和园《工程清单》中记载："文昌阁迤南新垫便道筑打灰土，二孔闸外接修石平桥，錾打金刚墙过梁等石。"可知续展园墙工程于光绪十七年上半年开工。

在此工程竣工后，清廷又计划在颐和园与静明园之间修建园墙，北面园墙从静明园三孔闸北侧沿稻田至颐和园水操学堂和西门之间的园墙，南面园墙从静明园东南角到治镜阁西南处与颐和园园墙相接，将大面积的高水湖和稻田圈入其中，如《颐和园至静明园添修大墙图样》（国385－0048和385－0078）（图98）。这一工程虽未实现，但从图中可以看出此时颐和园园墙已将治镜阁划入墙内，水操学堂仍在墙外。

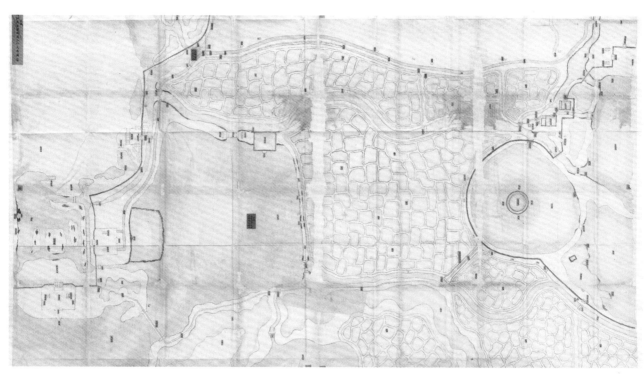

图98－1／颐和园至静明园添修大墙图样（国385－0048）

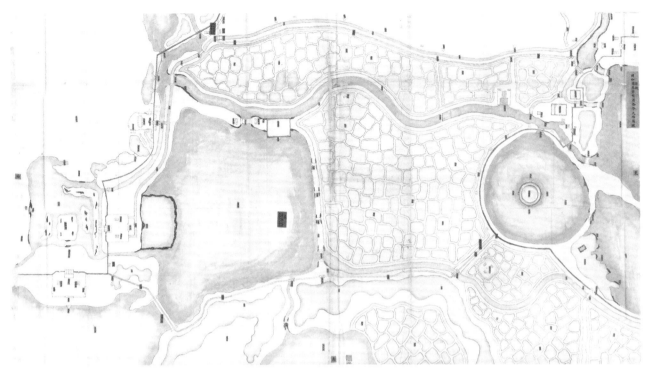

图 98-2 / 颐和园至静明园添修大墙图样（国 385-0078）

（3）增高万寿山后山园墙

在进行环湖园墙建设的同时，原有园墙的修葺、增高工程也相继开始。光绪十七年（1891年）十月二十一日《工程清单》载："虎皮石大墙，墙身长高，并拆砌鼓闪，补砌坍塌，抹饰墙顶，钩抿灰缝已齐。"

样式雷图档《颐和园万寿山北面大墙补砌增高尺丈图样》（国 355-1805）（图 99）详细记载了各段增高尺寸：

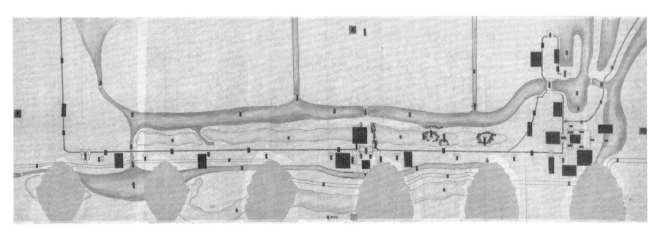

图 99 / 颐和园万寿山北面大墙补砌增高尺丈图样（国 355-1805）

由北如意门（今眺远斋和霁清轩附近）往西至第二座堆拨大墙共长一百一十丈，原旧均高六尺八寸，增高一尺二寸。

由北如意门迤西第二座堆拨至北宫门大墙共长九十丈，原旧不动，找补抹饰灰梗。

谨拟北楼门一座，东西朝房二座，照旧补修……

由北楼门西至大墙西北角共大墙长一百四十丈，均高六尺四寸，增高一尺二寸。

谨拟西宫门一座，南北朝房二座，牌楼三座，照旧补修……

由墙西北角往南至石券桥共长二十九丈五尺，间有坍塌不齐，谨拟补砌增高。

且据《万寿山北面大墙增高并修理涵洞等钱粮册》记载，除去北宫门、西宫门的重修，该工程计用银3655.439两。

二 园墙及附属建筑、周围环境变化

1.新增园墙长度

在园墙长度上，关于原计划环昆明湖、西湖添修园墙的不同档案记载稍有不同。据《昆明湖周围添建大墙图》（国339-0280）和《昆明湖大墙宫门桥座涵洞等工做法清册》（国358-0021-3）记载昆明湖东西南三面填修园墙"凑长一千八百四十四丈五尺"，按照清代一尺等于31.25厘米的标准计算，约长5764米。《万寿山前添修大墙宫门角门并桥座涵洞泊岸等工丈尺钱粮册》（国359-0051）记载"东西南三面添修大墙凑长一千八百四十一丈三尺，内东面长六百二丈八尺……，西南二面凑长一千二百三十八丈五尺……"，约长5754米。

而在续展园墙工程中，《昆明湖续展大墙并添修堆拨桥座添建海军衙门值房及东面大墙外补垫道路等工丈尺作法细册》（国358-0015、0019）记载，"昆明湖东西南三面原拟添修大墙凑长一千七百七十九丈九尺七寸，今拟往西南展宽将治镜阁圈在园墙以内，计添修园墙长一百九十二丈七尺，挪修园墙长三百八丈五尺，共凑长五百一丈二尺。"即实际添修长度为一千九百七十二丈六尺七寸，约长6165米。这也是最终方案中添修园墙的总长度。

2. 园墙高度

至于园墙高度，《昆明湖续展大墙并添修堆拨桥座添建海军衙门值房及东面大墙外补垫道路等工丈尺作法细册》记载，"至拔檐下皮高六尺五寸（约2米），外下衬脚埋深高一尺五寸，厚二尺五寸"。《万寿山前添修大墙宫门角门并桥座涵洞驳岸等工丈尺钱粮册》记载："东面墙外皮至拔檐下皮高一丈一尺五寸（约3.6米），里皮露明高八尺，西南两面至拔檐下皮高八尺（约2.5米）。"拔檐位于墙帽的下缘，意即园东虎皮墙体外侧高3.6米，内侧和园西南园墙高2.5米，这也验证了由于地势高差的存在，东面外墙的高度明显比其他方位的墙高，比同侧里面也要高出约1.1米（图100）。

3. 北面园墙

对于原来就有的北面园墙，主要是修缮和加高。光绪十七年十月十六日至十九日《颐和园工程清单》（图101）记载："颐和园北面大墙内外墙根平垫低洼已齐"。修缮方式为找补砌抹石灰梗，墙顶满抹见新。在高度上，北侧园墙原旧高均六尺四寸至八寸（约2～2.1米），增高一尺两寸（约0.38米），达2.5米左右。半壁桥附近墙体稍矮，从船坞北闸军房到贝阙城关，从贝阙城关到半壁桥，再从半壁桥到北宫墙，均高四尺七寸五分（约1.48米），此次增高三尺二寸五分（约1米），总高约达2.5米。

4. 园墙添修的建筑物

在修建园墙的同时，还在墙上修建若干园门。东墙绣漪桥以南添建宫门一座三间

图100 /《三山五园图》中颐和园南如意门附近的园墙

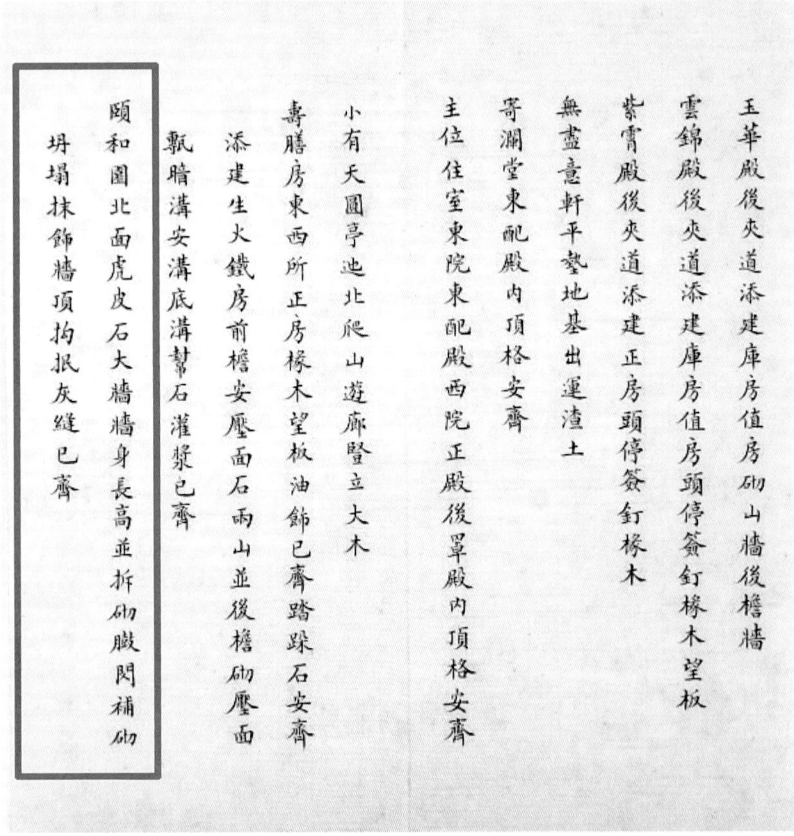

颐和园北面虎皮石大墙墙身长高並拆砌殿闪补砌坍塌抹饰墙顶抅捯灰缝已齐

瓢贻溝安溝底溝幫石灌浆已齐

添建生火鐵房前檐安壓面石兩山並後檐砌壓面

壽膳房東西所正房椽木望板油飾已齐踏跺石安齐

小有天圆亭迤北爬山游廊豎立大木

主位住室東院東配殿西院正殿後罩殿内頂格安齐

寄澜堂東配殿内頂格安齐

無盡意軒平整地基出運渣土

紫霄殿後夹道添建正房頭停簽钉椽木望板

雲锦殿後夹道添建库房值房頭停簽钉椽木望板

玉华殿後夹道添建库房值房砌山墙後檐墙

图101 / 光绪十七年（1891年）关于颐和园北面园墙增高的档案记载

（即南如意门），填新腿子门两座（位于凤凰墩东岸和新建宫门），添修腿子门角门一座（位于文昌阁附近）。西墙添修腿子门角门两座（现西门和耕织图湖附近）。并沿墙添建大量堆拨、值房等建筑物。

5. 稻田驳岸

光绪十六年年底，添修园墙工程开始时便在东墙外垫修便道，根据光绪十六年十二月十一日至十五日的工程清单，已有"东面大墙外墹垫便道"的记载。

光绪十七年，续展园墙工程中，东面园墙外补垫道路也是其中一项工程。样式雷图档《由绣漪桥南花牌楼前起顺东堤边至德会门前墹垫土道一段画样》（国344-0750）（图102）和《（东堤添建堆拨图）》（国399-0278）（图103）记载了补垫道路的详细信息。前者从绣漪桥南花牌楼前起顺东堤边至文昌阁，而后者从绣漪桥南花牌楼前起至德会门（今新建宫门处），并有标签记载工程内容：

谨拟，由德会门往南至绣漪桥迤南花牌楼前顺大堤东边墹垫土道一段，

图102 / 由绣漪桥南花牌楼前起顺东堤边至德会门前墙垫土道一段画样（国344-0750）

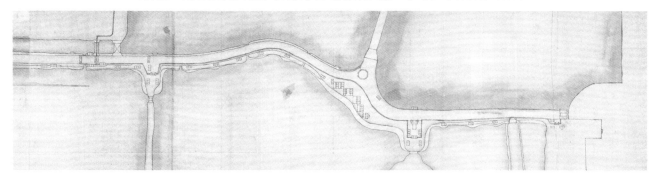

图103 / 东堤添建堆拨图（国399-0278）

共折长四百二十六丈，由堤边往东留原土泊岸一道宽五尺高二尺五寸，外土道核均垫宽一丈五尺，均墙垫高四尺，内接修涵洞五座，挪修小桥一座。

由于东墙外就是稻田，意即沿新建园墙墙根下与墙外稻田间，铺垫堤岸，添修护脚驳岸，由绣漪桥南花牌楼至文昌阁共凑长六百二丈八尺（约1884米）。

三 园墙倒塌及修缮事宜

颐和园园墙添修工程完成后形成四面闭合的园墙，在之后仅进行小范围的修缮工程。如光绪二十五年，治镜阁迤西园墙坍塌，《颐和园内外各等处活计底》（国358-0008-02）（图104），《昆明湖各厂分修大墙说帖》（国358-0018）（图105），《治镜阁以西补砌大墙传知单》（国359-0061-01）（图106）记载了坍塌情况，并传天利厂进行园墙修补。

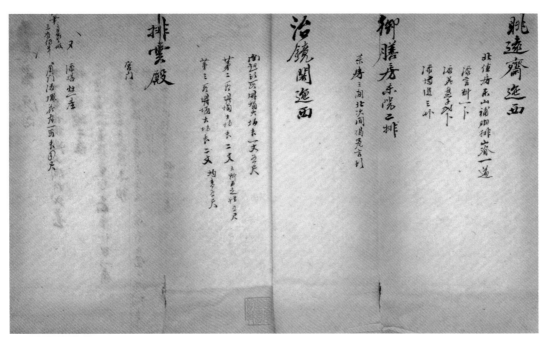

图104

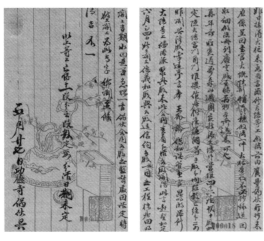

图105

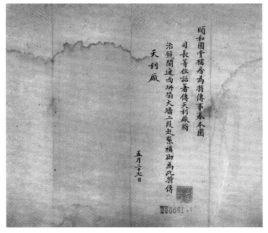

图106

2.2.3 1900年以后清晚期的颐和园园墙

墙垣随着损坏程度在每年岁修时有所修复，但此时财政资金更
为匮乏。光绪二十九年十二月二十一日（1904年2月6日）奏：

> 查是年岁修各工粘修颐和园内外各项房间、墙垣并春秋两
> 季糊饰各座殿宇、值房以及添置铺垫、桌张、雨裕，补胎船隻
> 暨各项零星活计等项共需实银三十九万七千九百三十五两二

图104／颐和园内外各
等处活计底（国358−
0008−02）

图105／昆明湖各厂分
修园墙说帖（国358−
0018）

图106／治镜阁以西补
砌园墙传知单（国359−
0061−01）

图107-1

图107-2

图108

图107（1、2）/清末民初
老照片中的园墙加高痕迹
108 / 现在园墙加高痕迹依
然清晰可见

钱。是年由户部领到岁修银十五万两。内除归还前借内帑银十万一千七百两，余银四万八千三百两抵用外，尚不敷银三十四万九千六百三十五两二钱，拟请由部等拨，如蒙俞允，即请伤下户部遵照办理。从之。

光绪三十一年（1905年），清朝政府派载泽、绍英、戴鸿慈、徐世昌、端方等满汉五大臣出洋考察。9月24日，五大臣在正阳门（今前门）火车站上车时，事先潜入火车上面的安徽革命志士吴樾引爆了随身携带的炸弹，五大臣中的载泽、绍英当场被炸伤，吴樾也当场牺牲。第二天清晨，端方、徐世昌等大臣赶赴颐和园宫门外的军机值房，等候慈禧太后的接见。当慈禧知道情况后，异常惊恐不安。她在颐和园内发布谕旨："著严切查拿，彻底根究，疏于防范官员均交部议处。"同时，为预防不测，慈禧命大臣选派工匠将颐和园四周长约5公里的园墙加高了1米多，即成为现在的园墙高度，现在多处园墙上面增高的痕迹依然清晰可辨（图107、108）。

据一些上年纪的老人说，当时为修园墙，清宫曾向居住在颐和园周围的老百姓大量收买鸡蛋，打碎后，用鸡蛋清混合在砌园墙用的白灰和黄土中，以增加园墙的牢固程度。

2.2.4 民国时期的颐和园园墙

中华民国27年（1938年）7月28日，呈北平市政府报颐和、静明二园园墙倒塌110丈，房屋渗漏70余间，玉泉山钟楼倒塌。

中华民国31年（1942年）8月3日，工务局名仓技士主张修复颐和园园墙改用洋灰。洋灰是水泥的旧称，可知当时文物保护思想还存在一定局限性。

中华民国35年（1946年）6月25日，颐和园园墙工程开工。

1949年8月16日，杨孔麟、高魁枢作出勘查报告，颐和园主体古建多倾危残破，亟须修缮养护。是年，颐和园得以抢修古建筑674间，修复倒塌园墙188延米，由过去承做这项工程的私商崔记木场施工。

第三节
新中国成立后颐和园园墙的历次修缮

新中国成立后，颐和园园墙在保持清代历史格局的基础上，受周边城市建设的影响，如马路扩宽、京密引水工程施工等，园墙长度有所增减。

1950～1952年，每年自行施工修复倒塌园墙，其中1950年修复倒塌园墙75丈。

1953年，自行施工，对园墙进行较大的整修，加大石灰比例。

1954年后，园墙修缮列为零修项目，1956、1958～1970、1972年均有维修，其中1956年大规模整修园墙。

1957年，因展宽颐和园墙外马路，将廓如亭以南一段弧形园墙拉直，园墙内推。

1958年4月2日，北京市园林局、北京市文化局同意道路工程局建议，为展宽颐和园园外马路，园东北角拆除园墙，拆除长度24米。年内完成拆除，将颐和园霁清轩东北角园墙切角，实际拆动园墙8米，向内退让64平方米。

1973年，新建文昌阁外南园墙1段116延长米，改用水泥砂浆砌石。

1974年，整修园墙。

1976年7月28日，唐山丰南地区发生里氏7.5级地震，波及北京，颐和园震感较强，佛香阁、德和园、仁寿殿、乐寿堂、山色湖光共一楼、听鹂馆、智慧海、云会寺、大船坞、北宫门船坞等处皆有损坏，园墙倒塌126处1008延长米。文物因已作防震措施，未有损坏，公园照常开放。8月23日～9月12日，颐和园全园职工修复因地震倒塌损坏的园墙2780延米。

1977年，因京密引水工程，新开颐和园内河道。玉带桥入水口至绣漪桥出水口的西南园墙全部拆除。引水工程完成后，由市政四公司修复绣漪桥至畅观堂的园墙，颐和园自行修复畅观堂至玉带桥水门的园墙。自畅观堂至绣漪桥的西、南园墙外移。同时新建新建宫门外一段园墙。

1980年10月29日，海淀区绿化队将颐和园西北园墙外移划进园内的立柳101株移交颐和园。

1981年，重建西南园墙。

1982年，复建颐和园西园墙。

1984年1月24日，为了保护东堤和二龙闸石桥，开展颐和园文昌阁至新建宫门园墙东移工程，施工中出土清代腰刀一把，存于园内文物部门。是年，颐和园文昌阁至新建宫门园墙550米延长东移，新建园墙470延米，新建墙内通道，将二龙闸圈入园内。

1992年12月15日，颐和园东堤沿线园墙拆砌工程竣工。工程于10月7日开工。由于原园墙为土石垒造，时常坍塌，此次工程将之改造为水泥砖石结构。共拆砌园墙1152米，重新安装金边石75米，新建值房2间24平方米，整修青石驳岸18米，路面763平方米，投资57.14万元。

2012年7月21日，北京地区遭遇新中国成立以来的最大一次降雨。全市平均降雨量170毫米，城区平均降雨量215毫米，降雨量、降雨时间为历史罕见。暴雨过后，对公园虎皮石园墙两处坍塌、15株树木倒伏情况进行妥善处理，未出现文物、古建、人员等安全问题。

第三章

颐和园园墙保护性修缮勘察与设计

第一节
颐和园园墙现状勘察

3.1.1 勘察准备工作

在进场勘察之前，设计部门制定了详细的勘察计划。首先对颐和园园墙历史档案进行详细查找，做了大量的信息资料准备工作。设计人员分别到中国第一历史档案馆及颐和园档案室等相关部门查阅收集档案资料。资料主要来源于《清宫档案》《颐和园志》等。在进行书面资料查找的同时，设计人员也走访了长期在颐和园从事维修工作的老工匠、老职工，向他们询问了20世纪五六十年代后颐和园园墙保护、修缮、变迁的情况和当年修缮的做法、措施，以及当年修缮时未能解决的隐患等，作为口述资料留存。

通过资料的调研，了解了颐和园园墙形成的原因、初建园墙时的建筑材质及做法、历史变迁等相关信息。在此基础上，明确本次勘察的主要目的为：①查明园墙结构性残损，勘察现有园墙的残损状态，确认各段园墙的稳定性。同时确定是自然原因还是人为因素造成的园墙通裂、歪闪、下沉、坍塌等结构性残损。②查明园墙现有的做法、材质等现状情况。③核查颐和园所保留的光绪时期老墙的位置及其历史变迁情况。

3.1.2 现场勘察

颐和园园墙勘察设计工作从2012年8月启动，对颐和园园墙进行全面细致的勘察。鉴于颐和园园墙过长，故根据园墙所处位置及残损程度、施工条件等因素，同时也考虑方便今后实施，将园墙分为六段，按五期申报实施。

2012年，首先对颐和园园墙进行了全部勘察，根据勘察结果制定了实施计划。五期分五年申报实施，各段在申报前再进行复勘，根据复勘变化进行设计方案的调整。勘察设计贯穿至竣工验收，随时跟踪设计内容，发现问题及时调整。可以说从勘察设计到专家评审到报批再到施工到验收，每一步均严格按照文物修缮的相关程序进行。

颐和园园墙总长8449延米，现有三种形式：第一种，虎皮石墙体宝盒顶墙帽，长8269延米；第二种，砖墙墙体，大城样干摆下碱，上身砖墙外抹红灰，2号青筒瓦墙帽，长90延米，位于东宫门两侧；第三种，下碱虎皮石砌筑，上身砖墙外抹白灰，鹰不落墙帽形式，长90延米，位于德和园东侧。

一 颐和园园墙残损勘察情况

颐和园园墙在长期自然环境作用及人为行动干扰下，受破坏残损严重。经五期工程分段勘察，总结园墙残损主要有以下几种情况。

（1）基础、墙体石块、墙帽或散水缺损；

（2）墙体鼓闪、倾斜、有裂缝，甚至坍塌；

（3）墙体用料杂乱散碎，砌筑手法不一，有明显的增高或补砌痕迹；

（4）勾缝杂乱，宽窄不一，与实际缝隙走向不一致，勾缝灰酥碱脱落；

（5）墙帽做法不一，高度不同，墙帽灰脱落；

（6）墙体附有地锦类植物，墙体紧邻花坛或绿化带，在墙体石块间长出植物。

各期工程中的园墙受损形式、位置及程度如下分段叙述。

一期F段（西门—南如意门） 全长1663延米。此段园墙为1977年，因京密引水工程导致本次修缮范围内玉带桥至绣漪桥段园墙全部拆除后重砌而成。重砌时大量使用了花岗岩，并未全部沿用原始虎皮石砌筑，并且砌筑手法及材质变动较大，局部位置墙体也未按原高度砌筑（图109）。

从西门向南600米长园墙砌筑材质均改为了花岗岩，墙体砌筑手法混乱，局部鼓闪严重、倾斜变形，多处出现垂直通裂缝。墙面勾缝灰手法杂乱，多为水泥勾平缝。

图109-1

图109 -2

图110 -1

图110 -2

园墙无墙帽。墙面多附有地锦类植物，对墙体造成不利影响。园墙内外均无散水（**图110**）。

从西门向南1245 ～ 1280米处的35米及1307 ～ 1327米处的20米，共55米长园墙，基本为黄褐色虎皮石砌筑，墙体结构稳定，但墙面勾缝多为水泥勾缝，平缝、凸缝均有，手法凌乱，墙帽多为兰机砖砌筑，外抹水泥（**图111**）。

其余1008米长园墙，周边腾退后，在原基础或墙体上直接补砌园墙，补砌材料杂乱，砖与各种石材混合使用，所以造成补砌的园墙易出现鼓闪、开裂、基础下沉等现象。同时墙面勾缝多采用水泥平缝形式，未按传统做法施工。局部位置的园墙墙体有人为破坏的痕迹。

二期 E 段（西门—北如意门）全长1886延米。此段园墙在《颐和园志》记载为："1982年因密云水库引水工程的实施导致西部大墙

图109 - 1 / 西门—南如意门园墙现状，1977年花岗岩砌筑

图109 - 2 / 西门—南如意门园墙现状，墙面为水泥勾平缝

图110 - 1 / 西门—南如意门园墙现状，墙面为水泥勾缝

图110 - 2 / 西门—南如意门园墙现状，墙帽为兰机砖砌筑

图111（1、2）/ 西门—南如意门园墙现状，墙体鼓闪、开裂

图111 - 3 / 西门—南如意门园墙现状，墙面为水泥勾平缝

图111-1

图111-2

图111-3

重新拆砌"而成，大部分为后砌园墙。因为当时条件限制，此段园墙高度普遍偏矮，最高处3米多，最矮处约2米，局部有二次增高的痕迹，墙体损坏程度较为严重，局部墙体基础有下沉现象。墙体砌筑手法混乱，石料杂乱、松散、零碎，并且大面积墙体有经过多次拆补痕迹，墙体鼓闪、倾斜、变形严重，多处出现垂直通裂缝。墙面勾缝灰手法杂乱，多为水泥勾缝，勾缝灰酥碱脱落严重。墙帽手法不一，墙帽抹灰酥碱脱落，多改为机砖砌筑水泥抹面。墙面局部附有地锦类植物，对墙体造成不利影响。园墙内外均无散水。

从北如意门向西34米，园墙近期经过修缮，园墙结构外观保存基本完好，但里外均无散水（图112）。

从德兴殿西侧至水闸一段园墙，墙体高约3米，并有明显的增高痕迹，增高部分用料杂乱、散碎，墙面多采用水泥勾缝（图113）。

从德兴殿西侧接近水闸处，有12米园墙改为机砖砌筑。与机砖衔接处的园墙，墙体石料杂乱、散碎，墙体高2米多，墙帽为机砖砌筑外抹水泥，墙面为水泥勾缝（图114）。

图112

图113

图114-1

图114-2

闸口西侧也有20米的园墙被拆除改为机砖墙体（图115）。

从闸口向西，园墙材质为花岗岩砌筑，水泥勾缝，机砖墙帽水泥抹面（图116）。

从闸口向西环卫队院内，园墙高约3米，材质为花岗岩砌筑，水泥勾缝（图117），机砖墙帽水泥抹面。此种材质的园墙长60米。

从环卫队院向南56米，园墙大体为虎皮石砌筑，但也掺杂了毛石、花岗岩、砖等其他材质的砌块，砌筑手法、材质杂乱（图118），墙体高均不足3米，鼓闪严重，并明显有增高、修补过的痕迹。墙帽均为机砖砌筑，外抹水泥。无散水。

从环卫队大院向南56～260米处共204米，园墙又改为花岗岩材

图112／西门—北如意门园墙现状，保存基本完好，无散水

图113／西门—北如意门园墙现状，墙体有明显增高痕迹

图114-1／西门—北如意门园墙现状，墙体为机砖砌筑

图114-2／西门—北如意门园墙现状，墙面为水泥勾缝

图 115-1

图 115-2

图 116

图 117

图 115（1、2）/西门—北
如意门园墙现状，墙体
为机砖砌筑

图 116 / 西门—北如意
门园墙现状，墙体为花
岗岩砌筑，水泥抹面

图 117 / 西门—北如意
门园墙现状，墙体为花
岗岩砌筑，水泥勾缝

质砌筑（图 119），墙体高均不足 3 米，多处出现垂直通裂缝。墙面均为水泥勾缝，墙帽为砖砌筑外抹水泥。无散水。

　　从花岗岩材质的园墙向南有 70 米园墙为近期新修补过，但仅进行了简单的找补和重新勾缝。

　　从花岗岩材质园墙向南 70 米长的虎皮石砌筑形式的园墙，虽然进行了重新勾缝，但墙体材质杂乱，高度明显降低至 2 米（图 120）。墙帽为砖砌筑外抹水泥。无散水。

　　从虎皮石砌筑形式的园墙向南 140 米处，现为耕织图后勤部占用。此段园墙拆改严重，局部位置借用园墙搭建房屋，局部被拆除改为院门。仅存的墙体高仅为 2 米，且破损严重（图 121）。

从耕织图后勤部院向南195米内，园墙近期修补过，进行了重新勾缝。墙体高度不等，最高处4米，最矮处2米。墙体材质杂乱、散碎。墙帽局部为机砖外抹水泥。无散水（图122）。

从西门向北1071米的园墙用料极为杂乱、散碎。墙体鼓闪，多处出现垂直通裂缝。墙面均为水泥勾缝，墙帽为砖砌筑外抹水泥。无散水。墙面附有地锦类植物，对墙体造成不利影响（图123）。

三期D段（霁清轩—北如意门）全长1200延米。此段绝大部分墙体为光绪时期墙体，并可看到光绪时期墙体增高的痕迹。主体保存相对较好，但墙面勾缝已改为水泥勾缝。墙体局部位置出现裂缝、鼓闪等残损，从而造成墙体砌石松动。墙帽均改为机砖砌筑，外抹水泥或青灰。此段园墙在1976年地震时局部坍塌，当时采用水泥砂浆砌筑，水泥勾缝（图124）。

从霁清轩向西至北宫门750米段，园墙外侧紧邻绿地花坛，长期受水侵蚀，对墙体造成不利影响，并且墙面附有地锦类植物，也对墙体造成不利影响（图125）。园墙砌筑及抹灰手法杂乱，局部砌石松动。墙体多为水泥勾缝，勾缝灰酥碱脱落。墙帽手法不一，局部有修补过的痕迹，抹灰酥碱脱落严重。无散水。

从霁清轩向西至北宫门750米园墙，砌筑及抹灰手法杂乱，局部用砖料代替虎皮石（图126）。因此段园墙较矮，现在内侧加铁丝网防护。

四期A段（南如意门—新建宫门）全长1370延米。此段园墙以虎皮石砌筑为主，假硬顶墙帽。该段在1984年进行过整修，墙体结构保存相对较好。墙体高3.8米，根部厚0.8～1米。墙体局部有鼓闪。现墙面多为水泥勾缝，勾缝酥碱脱落。墙帽高矮不一，砌筑手法凌乱，抹灰酥碱脱落。墙面附有地锦类植物，对墙体造成不利影响。园墙内外均无散水。

A段园墙结构总体保存相对较好，但墙帽高矮不一，墙面附有地锦类植物，对墙体造成不利影响。园墙内外均无散水。内侧有高0.3米的绿化带，绿化用水对墙体长期侵蚀（图127）。其中，从南如意门向北52米处，园墙向内鼓闪3厘米，墙体出现裂缝，勾缝灰酥碱脱落（图128）。

从南如意门向北300米段，园墙外侧因现有路面降低，园墙毛石基础已外露1米高，水土流失（图129）。

四期 B 段（新建宫门—东宫门） 全长1460延米。此段园墙不连贯，局部有建筑墙体与园墙直接相连，在新建宫门北侧及苇场门至文昌院一段为双层墙，外侧园墙高度与内侧园墙高度不同，二者做法基本相同，损坏程度不同。内侧园墙长约930延米，外侧园墙长约530延米，合计长1460延米。园墙为虎皮石材质，假硬顶墙帽，墙体高4米，根部厚0.8～1米。

此段园墙内外损坏程度不同，内侧园墙相对较好，外侧损坏严重。内侧园墙勾缝形式杂乱，局部勾缝灰酥碱脱落，局部位置墙体基础下沉有通裂缝。外侧园墙苇场门至文昌院一段墙体鼓闪、通裂，墙帽为水泥抹砌，勾缝形式杂乱，局部勾缝灰酥碱脱落，因损坏严重，在以往修缮中已被毛石或其他材质替换，造成材质及砌筑手法杂乱。其余各段相对较好。此段园墙中，文昌阁至新建宫门有450米的园墙为1984年园墙东移重新砌筑的，耶律楚材院西侧保留有42米长光绪时期的老墙。

（1）内侧园墙

从新建宫门向北130米，园墙结构保存基本完好，墙面现为水泥勾缝（图130），墙帽后改做法且高矮不一。园墙里外均无散水。

从新建宫门向北110～450米段园墙，局部有裂缝；勾缝形式杂乱、无规则，大量采用水泥勾缝，勾缝灰酥碱脱落严重（图131－1）。墙面上附有地锦类植物（图131－2）。墙帽后改做法，且高矮不一。里外均无散水。园墙内侧处于深0.9、宽5米的凹地内，雨水对墙体冲击侵蚀严重，造成局部墙体鼓闪严重。

从新建宫门向北542～559米段园墙，基础下沉，多处出现垂直通裂缝（图132－1）。勾缝形式杂乱、不规矩，均为水泥勾缝，勾缝灰酥碱脱落严重。金边石下沉歪闪（图132－2）。墙面上附有地锦类植物。园墙里外均无散水。

从新建宫门向北600～690米段，园墙结构保存基本完好，但墙面现为水泥勾缝（图133），手法凌乱。墙帽高矮不一，砌筑手法、用料凌乱。园墙里外均无散水。

从新建宫门向北690～728米段园墙结构总体基本稳定，但局部墙体虎皮石有松动现象。墙体勾缝形式杂乱、不规矩，大量采用水泥勾缝，勾缝灰酥碱脱落严重（图134－1）。墙面上附有地锦类植物（图134－2）。墙帽保存基本完好。园墙里外均无散水。

图118-1

图118-2

图119-1

图119-2

图120

图121

图122

图123-1

图123-2

图123-3

图123-4

图123-5

图118-1 / 西门—北如意门园墙现状，墙体砌筑材质杂乱

图118-2 / 西门—北如意门园墙现状，墙体鼓闪严重

图119-1 / 西门—北如意门园墙现状，墙体为花岗岩砌筑

图119-2 / 西门—北如意门园墙现状，墙体出现垂直通裂缝

图120 / 西门—北如意门园墙现状，墙体材质杂乱，高度明显降低

图121 / 西门—北如意门园墙现状，墙体拆改严重，高度明显降低

图122 / 西门—北如意门园墙现状

图123-1 / 西门—北如意门园墙现状，墙体鼓闪，多处出现垂直通裂缝

图123-2 / 西门—北如意门园墙现状，墙帽为砖砌筑外抹水泥

图123（3、4）/ 西门—北如意门园墙现状，墙面附有地锦类植物

图123-5 / 西门—北如意门园墙现状，墙体有垂直通裂缝

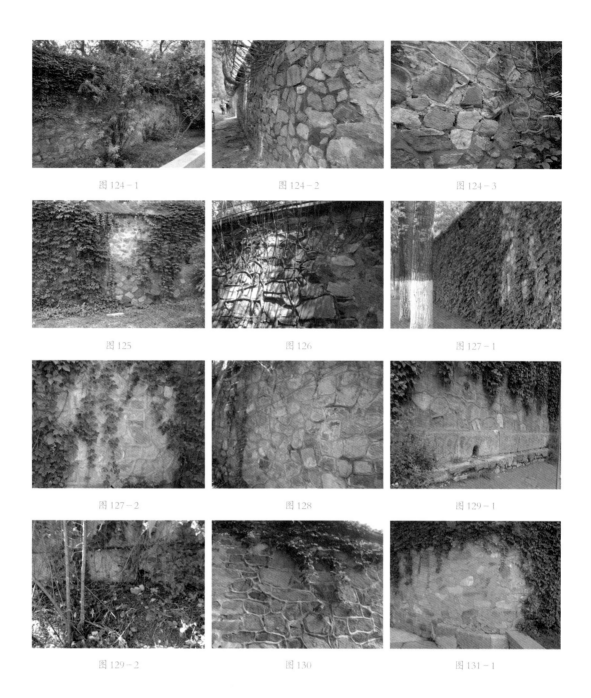

图 124-1　　　　　　　　　　图 124-2　　　　　　　　　　图 124-3

图 125　　　　　　　　　　　图 126　　　　　　　　　　　图 127-1

图 127-2　　　　　　　　　　图 128　　　　　　　　　　　图 129-1

图 129-2　　　　　　　　　　图 130　　　　　　　　　　　图 131-1

图124-1／霁清轩—
北如意门围墙现状，墙
面为水泥勾缝

图124-2／霁清轩—
北如意门围墙现状，墙
体出现裂缝、鼓闪

图124-3／霁清轩—
北如意门围墙现状，墙
体局部砌块松动

图125／霁清轩—北如
意门围墙现状，墙面附
有地锦类植物

图126／霁清纤—北如
意门围墙现状，墙体局
部用砖料代替虎皮石

图127-1／南如意门—
新建宫门围墙现状，墙
面附有地锦类植物

图127-2／南如意门—
新建宫门围墙现状，墙体
结构总体保存相对较好

图128／南如意门—新
建宫门围墙现状，墙体
向内鼓闪

图129（1，2）／南如意
门—新建宫门围墙现
状，毛石基础外露

图130／新建宫门—
东宫门围墙现状，
墙体为水泥勾缝

图131-1／新建宫
门—东宫门围墙现
状，墙面为水泥勾
缝，勾缝灰酥碱脱
落严重

从新建宫门向北777米处，园墙局部采用其他石材代替虎皮石堵砌墙体（图135）。

从新建宫门向北690～780米段，园墙内侧局部位置有建筑物遮挡（图136）。从新建宫门向北780～890米段，园墙内侧有建筑物遮挡，无法进行详细勘察，待具备施工条件后再进行复核（图137）。

从新建宫门向北890～930米段，东宫门南侧约40米的园墙为大城样干摆下碱，外抹红灰上身，筒瓦墙帽，形式做法与其他园墙不同。大城样干摆下碱酥碱20%，上身涂料起皮褪色，2号筒瓦墙帽，瓦件断裂现改为裹垄，檐头附件缺失。台明以下局部石活鼓闪，勾缝灰脱落（图138）。

（2）外侧园墙（新建宫门北侧、苇场门至文昌院）

从新建宫门向北的155米外侧园墙，结构相对稳定，西侧搭有建筑，不具备修缮条件（图139）。

苇场门至文昌院一段168米，园墙外侧的比内侧低1米，砌筑手法及用材杂乱散碎，局部鼓闪，抹灰脱落严重。墙帽形式不统一，多为兰机砖砌筑外抹水泥。大部分无金边石。无散水（图140）。

文昌院南侧园墙，2016年7月20日因暴雨导致2.7米长的园墙坍塌，同时相邻墙体也出现严重鼓闪，现已加支顶（图141）。

文昌阁至新建宫门450米长的园墙外移，内侧园墙内外地面高差1米多。

五期C段（东宫门—霁清轩） 全长870延米。本段园墙分内外两层，外侧园墙长420米，内侧园墙长450米。

外侧园墙有虎皮石及砖砌两种形式。此段外侧虎皮石园墙东侧紧邻市政道路，因路面地势抬高造成园墙东侧外露部分普遍偏矮（具体数据见详图）（图142）。西侧紧邻谐趣园和颐和园宾馆，有一部分墙体处于现地面以下。外侧园墙局部保留光绪时期二次增高的痕迹（图143），因为局部后期进行过拆砌，所以二次增高痕迹并不连贯。本段墙体结构保存基本完好，局部因不同原因造成鼓闪、倾斜、开裂等残损，局部虎皮砌石松动；墙面抹灰手法普遍杂乱，为水泥勾缝；墙帽手法不一，局部有修补痕迹，抹灰酥碱脱落，局部为水泥抹面。谐趣园内土山滑坡严重，大量滑落的土方堆积在墙体内侧，给墙体造成极大的安全隐患；东宫门北外侧45米砖砌园墙结构保存总体稳定，局部大城样干摆下碱酥碱，上身

图131-2　　　　　　　　图132-1　　　　　　　　图132-2

图133　　　　　　　　图134-1　　　　　　　　图134-2

图135　　　　　　　　图136　　　　　　　　图137

图138-1　　　　　　　　图138-2　　　　　　　　图139

图131-2/新建宫门—东　　　图133/新建宫门—东　　　宫门围墙现状，墙面附　　　图137/新建宫门—东
宫门围墙现状，墙面附　　　宫门围墙现状，围墙结　　　有地锦类植物　　　宫门围墙现状
有地锦类植物　　　构保存基本完好，墙面　　　图135/新建宫门—东　　　图138-1/东宫门南侧
图132-1/新建宫门—东　　　为水泥勾缝　　　宫门围墙现状，墙体局　　　围墙现状，大城样干摆
宫门围墙现状，墙体出　　　图134-1/新建宫门—东　　　部采用其他材质的石材　　　下碱，外抹红灰上身
现垂直通裂缝　　　宫门围墙现状，墙面为　　　代替虎皮石　　　图138-2/东宫门南侧
图132-2/新建宫门—东　　　水泥勾缝，勾缝灰酥碱　　　图136/新建宫门—东　　　围墙现状，下碱酥碱
宫门围墙现状，金边石　　　脱落严重　　　宫门围墙现状，内侧有　　　图139/新建宫门北侧围墙
下沉歪闪　　　图134-2/新建宫门—东　　　建筑物遮挡　　　现状，墙体结构相对稳定

图140-1

图140-2

图140-3

图141-1

图141-2

图141-3

图142

图143-2

图143-1

图140-1 / 苇场门—文
昌院部分墙体无散水

图140-2 / 苇场门—文
昌院墙体用材杂乱

图140-3 / 苇场门—文
昌院墙体抹灰脱落严重

图141（1～3）/ 文昌
院南侧园墙坍塌

图142 / 因路面地势抬
高造成园墙东侧外露部
分普遍偏矮

图143（1、2）/ 外侧
园墙光绪时期二次增高
痕迹

红灰褪色，局部抹灰空鼓，2号筒瓦墙帽瓦件断裂，现改为裹垄，檐头附件缺失。

内侧园墙也有两种形式。第一种为砖墙虎皮石下碱，上身外抹白灰，鹰不落墙帽形式。此种形式园墙结构保存基本稳定，虎皮石下碱现为水泥勾缝，上身抹灰酥碱、空鼓、粉化严重，鹰不落墙帽手法凌乱，现多处为水泥勾抹。第二种为虎皮石形式，局部鼓闪严重，均为水泥勾缝或抹缝，手法凌乱。墙帽多数为水泥抹砌，形式手法凌乱。园墙内外均无散水，南侧局部位置墙体紧邻绿地，常年受到雨水侵蚀。

（1）外侧园墙（总长420米）

①虎皮石砌筑形式园墙（长375米）

外侧园墙紧邻车行道，130～350米园墙有明显的二层增高痕迹（图144）。

此段外侧园墙紧邻车行道，墙体有明显的二层增高痕迹，现有路面抬高。局部墙体鼓闪，墙面勾缝手法杂乱（图145）。

从霁清轩向东0～70米园墙墙体鼓闪极为严重，多处出现垂直通裂缝，局部石料

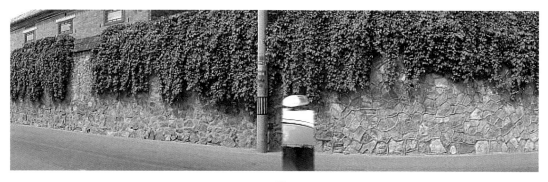

图144

图145-1

图145-2

图144／此段外侧园墙紧邻车行道，墙体有明显的二次增高痕迹

图145（1、2）／局部墙体鼓闪，墙体勾缝手法杂乱

外催。同时勾缝形式杂乱不规矩，均为水泥勾缝，水泥勾缝脱落严重。墙面上附有地锦类植物。墙帽砌筑高矮不一，手法用料凌乱。园墙现里外均无散水。园墙外侧紧邻绿化带，长期受到雨水侵蚀，造成冻胀（图146）。砌墙虎皮石石料零碎，用料凌乱，手法不一。

外侧虎皮石墙体局部位置（152～158米）的墙体鼓闪严重，墙体外闪16厘米，多处出现通裂，局部砌块鼓闪松动外催严重，已有安全隐患（图147）。

从霁清轩向南转角处，园墙鼓闪严重，墙体外闪20厘米，多处出现通裂，砌块鼓闪松动，水泥勾缝开裂脱落。墙帽抹灰酥碱。墙体无散水。

图146－1

图146－2

图147－1

图147－2

图146（1、2）/园墙外侧长期受到雨水侵蚀，造成冻胀

图147－1/东宫门—霁清轩园墙现状，墙体外闪，多处出现通裂

图147－2/东宫门—霁清轩园墙现状，墙体局部砌块鼓闪松动外催严重

谐趣园内185米长土山滑坡严重，其中85米长的土山已将外园墙内侧墙体（45～205米之间）掩埋2.5米高，挤压给墙体带来安全隐患。其中100米长土山滑坡将1.6米宽的排水沟掩埋0.6米高，造成排水不畅（图148）。

外侧园墙北段2016年暴雨后墙体在原有鼓闪的情况下出现向外倾斜。现已在60～130米之间支顶加固，并搭设围挡进行临时保护（图149）。

图148（1、2）/谐趣园
内排水不畅
图149（1、2）/园墙北
段2016年暴雨后，墙体
在原有鼓闪的情况下出
现向外倾斜
图149-3/支顶加固
149-4/设围挡进行临
时保护
图149-5/支顶加固

图148-1

图148-2

图149-1

图149-2

图149-3

图149-4

图149-5

②东宫门北外侧砖墙形式园墙（长45米）

东宫门北外侧园墙为大城样干摆下碱，外抹红灰上身，筒瓦墙帽，形式做法与其他园墙不同（图150，2015年12月拍摄）。

图150

大城样干摆下碱酥碱，现已外抹青灰（图151，2015年12月拍摄）。

图151

上身涂料起皮褪色，局部抹灰空鼓（图152，2015年12月拍摄）。

2号筒瓦墙帽，瓦件断裂，现改为裹垄，檐头附件缺失（图153，2015年12月拍摄）。

（2）内侧园墙（总长450米）

①内侧A段砖墙园墙（长90米）

上身砖砌外抹白灰，下碱虎皮石砌筑，鹰不落墙帽形式的内侧园墙（图154）。

图152

结构保存基本稳定，但抹灰酥碱空鼓粉化严重（图155）。

虎皮石下碱现为水泥勾缝（图156）。

鹰不落墙帽手法凌乱，现多处为水泥勾抹（图157）。

②内侧B段虎皮石园墙（长360米）

内侧园墙因缺乏日常维护，墙体局部位置长出树根，造成墙体局部鼓闪严重，墙体局部位置被掏洞、拆改。园墙内外均无散水，南侧局部位置墙体紧邻绿地，常年受到雨水侵蚀。墙面勾缝均为水泥勾缝或抹缝，手法凌乱。墙帽多数为水泥抹砌，形式手法凌乱（图158，2015年12月拍摄）。

图153

内侧园墙局部墙体用料凌乱，局部位置被拆改。墙面勾缝均为水泥勾缝或抹缝，手法凌乱。墙帽多数为水

图150 / 东宫门外园墙大城样干摆下碱，外抹红灰上身
图151 / 东宫门外园墙下碱酥碱，外抹青灰
图152 / 东宫门园墙上身涂料起皮褪色，局部抹灰空鼓
图153 / 东宫门园墙瓦件断裂现改为裹垄，檐头附件缺失

图 154

图 155

图 156

图 154 / 内侧园墙 A 段
上身砖砌外抹白灰、下
碱虎皮石砌筑、鹰不落
墙帽形式的内侧园墙

图 155 / 结构保存基本
稳定，但抹灰酥碱空鼓
粉化严重

图 156 / 虎皮石下碱现
为水泥勾缝

图 157 / 鹰不落墙帽手
法凌乱，现多处为水泥
勾抹

图 157

图158-1

图158-2

图158-3

泥抹砌，形式手法凌乱（图159）。

内侧园墙局部墙体外抹水泥画假缝（图160）。

二　颐和园园墙现有的做法、材质等现状

颐和园西、南侧园墙从南如意门至北如意门段，20世纪七八十年代因城市建设等原因，多数都重新拆砌过，砌筑石料材质（白色花岗岩、砖、黄褐色虎皮石等）、大小及砌筑手法都较为凌乱，多数为水泥砂浆砌筑，少量为掺灰泥或大泥砌筑。墙面勾缝多为水泥勾缝，有平缝、凸缝等多种形式。宝盒顶墙帽大部分都改为机砖砌筑，外抹水泥或青灰。总体对虎皮石墙传统做法改动较大。

颐和园北、东侧园墙多为黄褐色虎皮石掺灰泥或大泥砌筑。墙面勾缝多数已改为水泥勾缝，少量保持传统麻刀灰勾缝。宝盒顶墙帽亦有改动。

从档案中可以看出，颐和园园墙从民国时期，为了提高其砌筑强度，拆砌就开始采用"洋灰"。20世纪五六十年代以前修缮园墙墙面还采用传统麻刀灰泥鳅背缝，后期多改为水泥勾缝。

图159

图160

图159／内侧园墙局部
用料凌乱，还有地方被
拆改。墙面勾缝均为水
泥或抹缝，手法凌乱，
墙帽多数为水泥抹砌，
形式手法凌乱

图160／内侧园墙局部
墙体外抹水泥画假缝

三　颐和园保留光绪时期老墙的位置及历史变迁情况

颐和园光绪时期的老墙基本集中在北侧及东北侧（北如意门至东宫门段），历经一百多年的洗礼，不时出现坍塌，有多处墙体进行过不同时期的拆砌，老墙保存状态并不连贯。其余各面墙体大部分都为民国时期和新中国成立后砌筑的墙体。

现有颐和园园墙位置基本为光绪时期的，局部有改动。1957年，因展宽颐和园园墙外马路，将廊如亭以南一段弧形园墙拉直、内推。1958年4月，为展宽颐和园外马路，将颐和园霁清轩东北角的园墙切角，实际拆动园墙8米，向内退让64平方米。1977年，因京密引水工程，新开颐和园内河道，玉带桥入水口至绣漪桥出水口的西南园墙全部拆除；自畅观堂至绣漪桥的西、南园墙外移；同时新建宫门外一段园墙。1982年，复建颐和园西园墙。1984年，文昌阁至新建宫门园墙550米延长东移，新建园墙470延米，将二龙闸圈入园内。

第二节
颐和园园墙保护性修缮设计方案

3.2.1 修缮的范围及内容

范围：颐和园东、南、西、北四面8449延米长园墙。

内容：对现有园墙长度、现有做法及残损状态进行全面勘察，并根据勘察结果制定相对应的修缮设计方案。

鉴于颐和园园墙过长，故根据园墙的所处位置及残损程度、施工条件等因素，同时也考虑到今后方便实施，将园墙分为六段，按五期申报实施：一期F段（西门—南如意门），二期E段（北如意门—西门），三期D段（霁清轩—北如意门），四期A段（南如意门—新建宫门）、B段（新建宫门—东宫门），五期C段（东宫门—霁清轩）（图161；表1）。

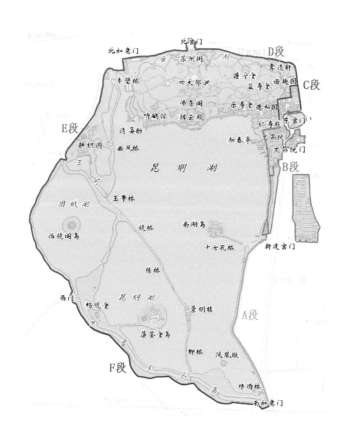

图 161 / 颐和园园墙六段
修缮墙体位置示意图

表 1　颐和园园墙六段修缮墙体一览表

分期实施情况	名称	位置	长度（米）	修 缮 情 况
一期 2014 年 4 月 竣工验收	F 段	西门—南如意门 （深蓝色线范围）	1663	拆除花岗岩墙体恢复虎皮石墙体 600 米，拆砌添配虎皮石砌块的墙体 1008 米，现状保留增高约 1 米的墙体 55 米（此 55 米园墙为 1977 年后砌筑，因为当时条件等原因限制，造成墙体高度未与相邻的园墙一致，本次修缮将西侧园墙高度统一，从西门向南 1307 ～ 1327 米处 20 米、从西门向南 1245 ～ 1280 米段 35 米）。恢复传统麻刀灰勾缝及宝盒顶墙帽
二期 2014 年 11 月 竣工验收	E 段	北如意门—西门 （浅蓝色线范围）	1886	拆除花岗岩墙体恢复虎皮石墙体 1151 米，拆砌添配虎皮石砌块的墙体 470 米，现状保留增高约 1 米的墙体 147.1 米（此 147.1 米园墙为 1982 年后砌筑，因为当时条件等原因限制，造成墙体高度未与相邻的园墙一致，本次修缮将西侧园墙高度统一），现状保留不动的墙体 117.9 米。恢复传统麻刀灰勾缝及宝盒顶墙帽

分期实施情况	名称	位置	长度（米）	修 缮 情 况
三期 2015 年 11 月 竣工验收	D 段	霁清轩—北如意门 （粉色线范围）	1200	拆砌的墙体长359.9米，现状保留的墙体长840.1米，保留原有墙体高度，未进行增高。保留光绪时期老墙及痕迹
四期 2016 年 11 月～ 2017 年 8 月	A 段	南如意门—新建宫门 （红色线范围）	1370	拆砌危险墙体150米，恢复墙体传统麻刀灰勾缝长度1220米。恢复传统宝盒顶墙帽
	B 段	新建宫门—东宫门 （绿色线范围）	1460	拆砌危险墙体501米，保留光绪时期增高痕迹42米，恢复墙面传统麻刀灰勾缝长度959米。恢复传统宝盒顶墙帽
五期 2017 年 7 ～ 10 月	C 段	东宫门—霁清轩 （紫色线范围）	870	拆砌墙体154米，保留光绪时期增高痕迹34米，恢复光绪时期增高痕迹97米，修缮园墙墙面勾缝73米。恢复传统宝盒顶墙帽
合计			8449	

3.2.2 设计依据

1.《中华人民共和国文物保护法》

2.《中国文物古建保护准则》

3.《关于在国家一级保护文化和自然遗产的建议》

4.《关于保护景观和遗址的风貌与特性的建议》

5.《北京文件 —— 关于东亚地区文物建筑保护与修缮》

6.设计委托书

7.颐和园园墙历史档案资料

8.颐和园园墙维修工程专家评审意见

9.颐和园园墙维修工程勘察结果

10.关于"颐和园园墙抢险修缮工程方案核准意见的复函"京文物【2013】1094号批文见附件。

3.2.3 修缮目的

为了更好地保护颐和园这处世界文物遗产，对其园墙进行整体修缮已迫在眉睫。通过整体的修缮，排除园墙现有险情，修复坍塌的园墙，修缮自然力和人为造成的损伤，制止新的破坏，真实、全面地保存并延续其历史信息和全部价值。

3.2.4 工程性质

通过对颐和园园墙的整体勘察，以勘察及修缮结论为基础，以建筑的残损现状及其残损原因分析为依据，同时综合考虑了其他各种因素，确定本项目的修缮性质为重点修缮工程。

3.2.5 修缮原则及指导思想

坚持"不改变文物原状""最大限度地保留和最小干预"的文物修缮原则；坚持保留原有构件、传统工艺和原有做法的原则。尽量利用旧料，原虎皮石均使用，拆换下来的毛石等其他料石用于基础，尽量不添配。

对现有园墙进行修缮，恢复改变原有形制的园墙。最终，力争在修缮工程全面完成以后能排除安全隐患，并真实、准确地反映其原有形态。

3.2.6 修缮设计

在修缮方案的制定过程中经过四次专家论证，历经五年设计施工，完成了颐和园园墙的整体修缮工作。

在设计施工过程中，对基础下沉、墙体坍塌或歪闪开裂严重的园墙进行了重砌基础，并采用传统石料拆砌，恢复传统麻刀灰勾缝及宝盒顶墙帽。对采用花岗岩石料及杂砖砌筑的园墙，恢复传统虎皮石墙的做法。对光绪时期的增高痕迹做了保留，对因坍塌消失的增高痕迹进行了恢复，使北侧及东北侧光绪时期老墙的增高痕迹延续下去。同时，对园墙下的光绪时期已废弃部分遗址构件做了进一步勘察和保护，如对园墙西侧入水口和东北角水道的遗留构件进行了原状保护。

工程设计的主要内容及工艺，有对歪闪严重或坍塌存在安全隐患的墙体进行拆砌，并拆除花岗岩及砖等材质，利用旧料重砌墙体；剔除水泥勾缝，恢复传统泥鳅背缝，即采用传统大麻刀月白灰先喂缝，再用小麻刀灰叼缝，再顺随自然呈勾泥鳅背缝；拆除后砌的水泥及红机砖墙帽，恢复传统宝盒顶墙帽。

第三节
颐和园园墙修缮方案的专家论证

颐和园园墙抢险修缮本着不破坏文物本体，尽可能保留其原有历史价值的原则进行，坚持采用原形制、原结构、原材料、原工艺，有选择、抢救性地对墙体鼓闪、开裂严重等部分进行拆砌，并按传统做法恢复原貌。

考虑到所拆砌的墙体大部分处于开放区，园墙多数已不是历史原墙，而是20世纪八九十年代在环境整治工程中重新砌筑的，当时砌筑石块较大，并改为混合砂浆砌筑。为了确保墙体结构安全，颐和园根据北京市文物局批复的方案以及故宫博物院原古建修缮中心主任李永革、古建部副主任王时伟和中国文化遗产研究院原总工程师付清远等专家多次的论证意见，决定对拆砌的墙体采取混合砂浆砌筑，石墙表面仍采用传统青灰勾缝处理，对择砌或补砌的历史原墙体保留传统掺灰泥砌筑。具体论证如下（专家意见原文见附录二）。

2012年8月10日，第一次专家论证。参与的专家有付清远、李永革、王时伟。专家指出，颐和园园墙历史上均为虎皮石墙，由于历史的多次修缮及历史和经济原因，砌筑方式和材料的传用，致使部分园墙较为杂乱，为确保园墙的安全和历史原貌的真实性，应立项修缮。园墙较长，应统一考虑，根据残损状况轻重分段进行实施。原则上应考虑尽可能减少扰动的原则要求，对总结构安全的墙体，可进行勾缝处理，对部分空鼓、外闪严重段，应进行拆砌。园墙维修应考虑基础加固，对低洼、潮湿地段及基础部分建议传统混合砂浆砌筑，做内外散水（图162）。

2013年1月15日，第二次专家论证会。参与的专家有付清远、李永革、王时伟（方案中提及拆砌墙体采用混合砂浆砌筑）。专家指出，由于园墙较长，不具备一次性维修的条件，坚持最小干预的原则，尽可能减少扰动原园墙，分病害状况，分段制定维修措施。由于分段维修，故应注意分段维修之间的衔接，如基础不同状况的稳定性安全的处理。结合修缮，使用传统工艺和手法，采用相应的传统石材和砖材，尽可能使用旧有材料，恢复园墙原有做法（图163、164）。

图162 / 2012年8月10日专家论证会专家意见

专家评审意见表

方案名称

项目单位

总体评价

专家具体评审意见

专家签字：

可另附页

专家评审意见表

方案名称

项目单位

总体评价

专家具体评审意见

专家签字：

可另附页

专家评审意见表

方案名称

项目单位

总体评价

专家具体评审意见

专家签字：

可另附页

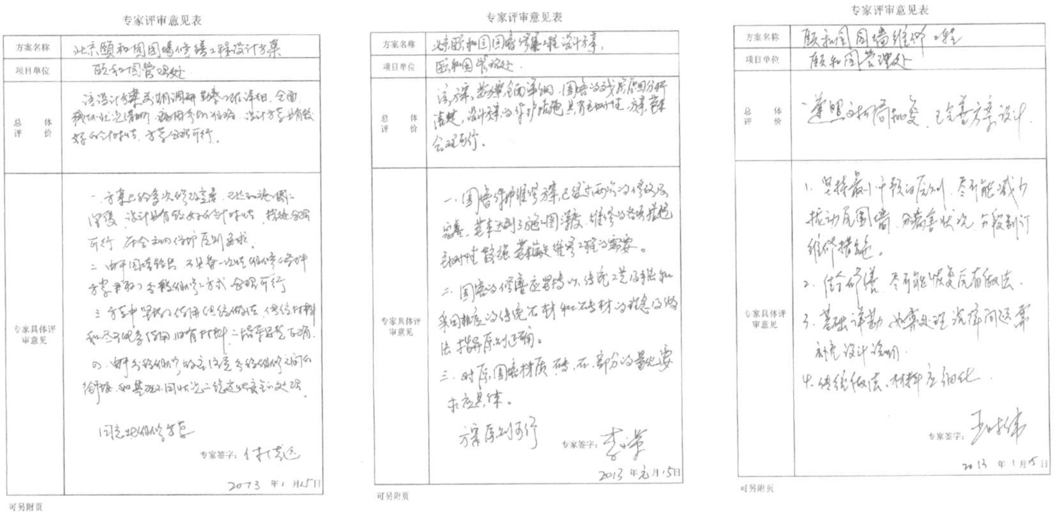

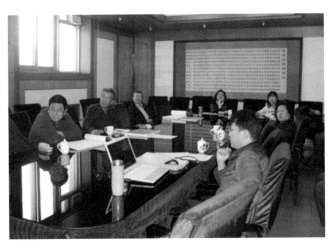

图163

图164

图163／2013年1月15日专家论证会专家意见

图164／2013年1月15日专家论证会

2013年6月25日，第三次专家论证。参与的专家有付清远、李永革、王时伟。专家指出，对于施工图中灰浆的选择，建议对20世纪80年代后砌筑的墙体已不属于原墙，重新砌筑所使用的块石材料较大，掺灰泥已达不到砌筑的结构安全要求，故对拆砌墙体的砌筑材料采用强度较好的混合砂浆处理，以保证墙体稳定安全。对于原始老墙，建议对补砌墙体的砌筑材料仍采用传统掺灰泥处理。对所有墙体均应使用传统麻刀青灰勾缝处理。

施工图编制中，进一步明确现存霁清轩至北如意段园墙始建于乾隆时期，光绪十七年（1891年）进行了修缮并增高。此次修缮将恢复园墙至历史高度。同时，答复北京市文物局对园墙采用混合砂浆的疑问。传统做法为掺灰泥砌筑墙体，考虑到所拆砌的墙体大部分处于开放区，园墙多数已不是历史原墙，而是20世纪八九十年代在环境整治工程中重新

图 165 / 2016 年 9 月 4 日专家论证会

砌筑的，当时砌筑石块较大，并改为混合砂浆砌筑，另外掺灰泥砌筑大石块，从结构安全上已不适应安全要求，为了确保墙体结构安全、游人及道路安全，以及考虑到修缮完毕的园墙已改为混合砂浆砌筑，所以我们建议对拆砌的墙体采取混合砂浆砌筑。石墙表面仍采用传统青灰勾缝处理。对择砌或补砌的历史原墙体保留传统掺灰泥砌筑。

由于颐和园园墙修缮过程中，上级领导及社会各界对修缮工作的高度重视，为了更好地开展颐和园文物保护工作，正确把握修缮理念和原则，制定更为科学合理、切实可行的保护修缮方案，有效地推进园墙抢险修缮工程，2016 年 9 月 4 日，颐和园再次组织召开园墙抢险修缮工程（四期、五期）施工方案专家论证会，专家包括中国文化遗产研究院原古建筑与古迹保护中心主任张之平、中国文化遗产研究院文物保护工程与规划所所长乔云飞和故宫博物院原古建修缮中心主任李永革（图 165）。

专家指出，该方案为园墙整体方案的一部分，已经完成的部分质量较好，后续工程可持续开展。建议总结已完成的前期工程，对已完成的工程情况、文物原状和价值、残损、环境等应分类清楚，并根据分类进行梳理，使方案及措施与残损更加对应，并特别注意新老墙体之间的连接及沉降基础的处理。在工程实施时，进一步补充做好园墙不同墙段原有砌筑灰浆及工艺的勘察及了解工作，并做好历史沿革的记录。做好不同强度墙体灰浆的调整工作。因颐和园园墙历次维修并存在多种灰浆（大泥、掺灰泥、小泥砂浆等）砌筑的做法，建议细化不同园墙砌筑形式的分段标注，并针对不同砌筑形式之间的连接部位合理应对传统灰浆的应用。同意适当采用与传统材料相匹配的新材料，如混合砂浆砌筑，但抢险砌筑的墙体无论形式和材料应与老墙协调。

第四章 颐和园园墙修缮研究与施工管理

第一节
颐和园园墙保护性修缮施工与管理

4.1.1 园墙现状及方案

　　颐和园园墙主要为黄褐色虎皮石材质，少部分由建筑墙体与园墙围合而成，总长约8449延米。北面园墙建于清乾隆清漪园时期，光绪十七年（1891年）慈禧重修颐和园时，在东、南、西三面增建园墙，高达4米。清漪园时期，以绵延起伏的西山为远景，以静明、圆明、畅春、静怡四园为借景，昆明湖沿岸仅设北面园墙，以将其他几面园外的田畴、村舍、园林纳入自身的景观体系中，园内园外浑然一体。民国及新中国成立后均有过修缮。颐和园园墙历史年代久远，虽然每年进行保养性修缮，但并未进行系统性修缮，导致大部分墙体存在安全隐患，并出现局部坍塌现象，局部园墙砌筑形式发生变化（图166）。

　　修缮方案总则：对于结构外观现状保存完好的园墙进行保存；对于基础下沉、墙体鼓闪开裂严重、墙体用料极为杂乱的园墙局部进行拆砌；对于坍塌改变墙体材质的园墙进行恢复。同时，为了更好地保护墙体，对所有墙体均重新做散水。

4.1.2 园墙墙体施工前评估

　　现存颐和园园墙大部分为光绪时期以后修建，经多次修缮，各段残存情况不同，局部段落存在较大的安全隐患。因此，根据各段不同的残存现状，制定相应的修缮措施，是从

图166-1 图166-2

图166-3 图166-4

图166（1～4）/颐和园园墙修缮前细部图

基础和墙体两方面入手。首先解决因地震等自然原因及人为扰动等，造成的基础下沉这一结构安全隐患；再解决墙体的开裂、鼓闪、多次维修造成的用料杂乱及墙体高度等问题。

经过现状评估，结论为颐和园园墙应进行全面修缮，以保证园墙的完整性和安全性（图167）。

价值评估：颐和园园墙为黄褐色虎皮石材质，石材取自燕山山脉自然形成的山石，色泽貌似虎皮，石材多棱角，形状变换丰富。虎皮石质地坚硬，经流水的长期冲刷侵蚀，发生差异风化，形成千姿百态的造型。因此，颐和园园墙在造林造园技术上具有较高的艺术价值。颐和园虎皮石园墙，随着颐和园周围地势高低起伏、错落有致，与园内的湖岸、园林、古建、山峦等景观协调呼应，形成一道独特的风景线，具有较高的观赏价值。同时，颐和园虎皮石墙还具有重要的防卫、分割景区的功能，虎皮石不仅美观且质地坚硬，是保护颐和园景区和园内珍贵文物的重要安全防线。

图167-1

图167-2

图167-3

图167-4

4.1.3 保护性修缮施工管理体系

颐和园针对园墙修缮建立了完整的施工管理体系（图168）。针对颐和园园墙这一特色墙体进行了针对化的管理体系建设。根据园墙这一施工对象，颐和园管理处针对项目全过程进行监管实施，保证施工措施符合传统工艺及安全规范，保证施工项目从筹划至保修期满各个阶段的工作平稳有序的进行。

颐和园园墙保护性修缮工程按照设计要求，在预定的时间内完成了工作任务，达到了保护性修缮目标。分析总结这一保护工程，组织与管理是保障工程质量的主要因素。

工程质量保证措施坚持"四明确"和"四订立"原则。"四明确"是指明确文物安全防护要求；明确文物保护技术方案；明确保护对象、工程项目与范围；明确分部分项工程具体工艺的操作方法。

"四订立"是指，订立工程进度与组织管理计划；订立专项工程做法与技术操作细

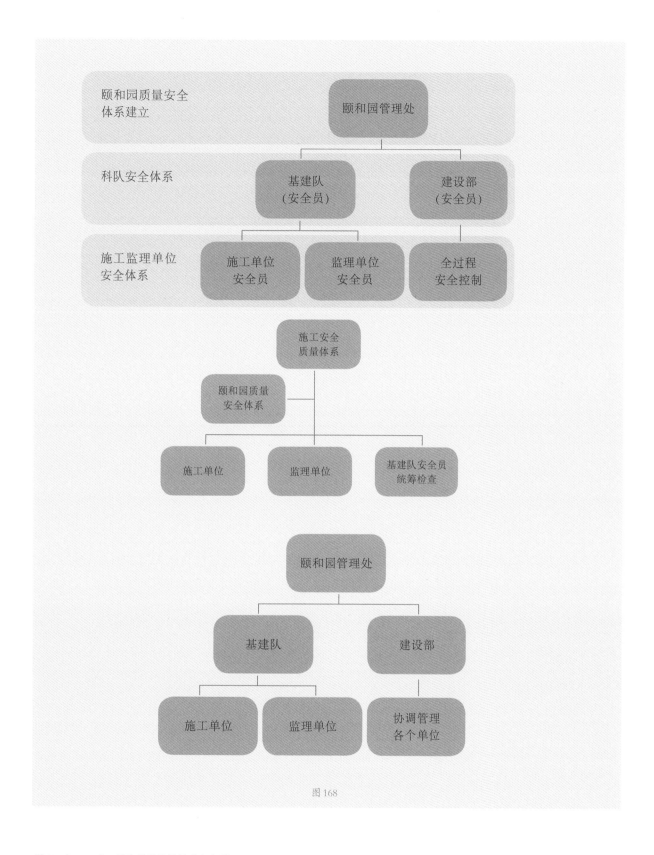

颐和园质量安全
体系建立　　　　　　　　颐和园管理处

科队安全体系　　　基建队　　　　　建设部
　　　　　　　　（安全员）　　　（安全员）

施工监理单位　　施工单位　　监理单位　　全过程
安全体系　　　　安全员　　　安全员　　　安全控制

施工安全
质量体系

颐和园质量
安全体系

施工单位　　监理单位　　基建队安全员
　　　　　　　　　　　　统筹检查

颐和园管理处

基建队　　　　　建设部

施工单位　　监理单位　　协调管理
　　　　　　　　　　　　各个单位

图 168

图 167（1～4）/ 颐和园围墙修缮前细部图

图 168 / 颐和园施工管理体系

则；订立工程内在质量与外在观感质量目标；订立实现技术交底，事中定期巡查，事后总结验收制度。

颐和园制定"八项"工程管理制度。

（1）监理工程管理规范制度。严格保护规划、勘察设计、施工、监理及验收等环节的审批管理。特别是明确施工实际与设计方案有差异时，施工单位不能自作主张，更不能让一线的工人处置，应将发现的情况及时通报业主、监理、设计单位。

（2）建立工程例会制度。每周定期召开工程例会，相关单位通报工程实施情况和遇到的问题，加强沟通，保障工程顺畅实施。

（3）方案设计跟踪制度。委派原主要设计人员常驻工地对工程进行跟踪服务与指导，对工程中发现的相关信息进行研究分析，加强对原设计的细化、优化，否定原设计中存在的不合理因素，并使之不断深化、完善。如基础的加固、墙体的材质量化分析，做到边施工、边研究、边处理。

（4）施工技术交底与培训制度。开工前，由建设单位组织设计、施工、监理、监督单位开展图纸会审及技术交底。对修缮范围和修缮对象进行确认，对重要部位、重要构件的修缮技术进一步明确。同时，集中对技术人员进行培训，提高一线人员的保护意识、工序意识、质量意识。

（5）工程监理制度。监理单位开工前编制监理大纲，竣工前出具监理报告。严格按照审批的设计文件，在工程实施中真正发挥"三控""两管""一协调"的作用，有效防止修缮行为的随意性和盲目性。工程维修使用的材料、砖石构件由专业机构进行检测，监理单位的监理员要参与现场见证取样，确保检测材料数据真实。

（6）质量监督制度。北京市文物局质量监督站，按照质量监督管理办法对质量进行全过程监督管理。参与图纸会审、基础加固、墙体砌筑、墙帽砌筑等工程工序验收，确保工程质量的实现，进行事中控制。

（7）进度款拨付审核制度。对工程款的拨付，推行了由施工单位申报、监理单位审核、建设单位现场代表审核确认的三方审查制度，有效加强了对专项经费的监管。

（8）工程档案资料验收制度。明确要对施工过程中各项工序进行全面记录，建立工序施工档案，为今后深入开展文物保护和学术研究积累第一手资料。

4.1.4 园墙保护性修缮施工现场

颐和园园墙历经百年，期间，由于地震、雨水等自然力的侵蚀，造成园墙周边水土流失，杂树丛生。从修缮档案中不难看出，虽然有过几次修缮，但大多数仅为保养性修缮，并未进行系统性整修，同时，园墙无散水、无缓冲。以上原因导致大范围墙体出现几处不同程度的下沉，造成墙体安全隐患，出现局部坍塌。在局部抢修园墙过程中也出现了做法、用料杂乱的现象。此次园墙修缮就是要在原有老墙的基础上进行保护性修缮，原则是使用传统工艺，局部拆砌，保留传统，修旧如旧（图169）。

图169-1

图169-2

图169-3

图169-4

图169-5

图169-6

图169（1～8）／园墙
修缮现场

图169-7

图169-8

第二节
虎皮石墙砌筑材料与工艺研究

4.2.1 虎皮石墙在颐和园的使用

虎皮石墙由花岗岩毛石掺灰泥砌筑。这种砌筑类型的应用比较广泛，在颐和园内可分为两大类。一是属于做法简单的一类，例如用于砌筑驳岸、护坡、拦土墙、小式建筑的基础等。例如，颐和园内有少部分虎皮石驳岸，长836延米，占全园驳岸的5%，分布在藻鉴堂湖和后湖（图170、171）。

另一类则是属于刻意追求田园风格的一类，用于大、小式园林建筑，以及皇家山地园林建筑。这一类风格的园林园墙大多都用虎皮石砌筑。除前文介绍的颐和园园墙多为虎皮石墙外，虎皮石墙较常见的用法是用在建筑的台明（台帮部位），例如意迟云在、重翠亭、长廊等（图172）；或复合型台基，例如画中游、听鹂馆等（图173）；也用在下碱（墙心部位）乃至上身（墙心部位），例如乐农轩（图174）。其中虎皮石台明几乎成了皇家山地园林建筑的一个标志。虎皮石墙是乱石墙中具有较高装饰性的墙体，既宽厚坚固、浑然一体，又错落有致、光影斑驳，体现了返璞归真的园林意趣。

4.2.2 虎皮石墙砌筑工艺

自光绪十六年开始添修园墙工程，关于环昆明湖、西湖、小西湖修建园墙的现存相关图档中，《昆明湖续展大墙并添修堆拨桥座添建海军衙门值房及东面大墙外补垫道路等工丈尺做法细册》（国358-0015、0019）（以下简称《做法细则》）中有详细介绍虎皮石墙砌筑工艺。此部分内容摘录如下：

> 昆明湖东西南三面原拟添修大墙凑长一千七百七十九丈九尺七寸，今拟
>
> 往西南展宽将治镜阁圈在大墙以内计添修大墙长一百九十二丈七尺，挪修大
>
> 墙长三百八丈五尺共凑长五百一丈二尺，至拔檐下皮高六尺五寸。外下衬脚

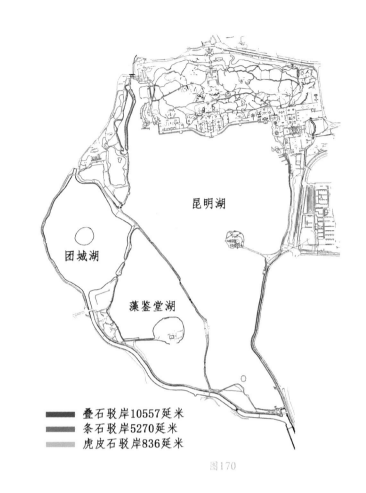

昆明湖

团城湖

藻鉴堂湖

▬▬ 叠石驳岸10557延米
▬▬ 条石驳岸5270延米
▬▬ 虎皮石驳岸836延米

图170

图170 / 颐和园驳岸分布图

图171 / 颐和园藻鉴堂湖虎皮石驳岸

图172 / 长廊北侧的虎皮石台明

图173 / 画中游的复合式台基

图174 / 乐农轩的虎皮石台帮、下碱

图171

图172

图173

图174

埋深高一尺五寸，厚二尺五寸，埋深满铺豆渣石一层，见缝下铁银锭熟铁撞。拘抿油灰缝墙身，并堆顶用虎皮石成砌，墙身拘抿青灰，墙顶抹饰青灰，拔檐尺二方砖一层，散水灰砌新样城砖，地脚内长一百八十三丈，砣下柏木桩二路，其余砣下柏木地钉，长三百十八丈二尺，砣下柏木地钉山石揹当。散水地脚筑打灰土二步。墙根下补垫堤岸，凑长二百八十五丈，内长六十三丈，垫宽二丈，长一百二丈，原宽一丈五尺，拟垫宽五尺，长一百二十丈，原宽四尺，拟垫宽一丈六尺。均高五尺，平垫素土，每高一尺行夯砣各一次。

……

二面院墙凑长三丈八尺二寸，至拔檐下皮高七尺五寸，外下埋深一尺五寸，厚一尺五寸。随开门口二座，各里口高五尺八，宽二尺八寸，安过木坎框，棋盘门用松木成做，安砌压面，独踏用青砂石，埋深下肩用虎皮石成砌，拘抿灰梗，上身碎砖砌，抹饰白灰腰线，拔檐兀脊顶，灰砌沙滚砖，扣脊二号筒瓦，一路散水糙沙滚砖。地脚壝墙筑打大夯砣灰土三步，独踏散水地脚筑打灰土两步。油饰使灰五道、满麻一道、糙油、垫光油、柿红油、过木光朱红油，线路一搓朱红油。

另外在《昆明湖大墙宫门桥座涵洞等工程做法清册》（以下简称《做法清册》）中也有部分记载添修园墙的做法，摘录如下：

昆明湖东西南三面添修大墙凑长一千八百四十四丈五尺。内宫门腰子门两边看面墙六段，凑长三十丈，至拔檐下皮高九尺。其余长一千八百十四丈五尺，至拔檐下皮均高六尺五寸。外下衬脚埋深高一尺五寸，厚二尺五寸，埋深满铺豆渣石一层。见缝下生铁银锭熟铁撞，拘抿油灰缝。墙深并堆顶用虎皮石砌，墙身拘抿青灰，墙顶抹饰青灰，拔檐尺二方砖一层。散水灰砌新样城砖，地脚刨增，砣下柏木地钉，山石揹当。散水地脚筑打灰土二步。

民国35年（1946年），颐和园园墙修缮工程也留下文献资料——《颐和园园墙修缮工程做法说明书》（以下简称《做法说明书》）。相关内容摘录如下：

地点：颐和园内

范围：将园墙坍塌部分修缮完整

现状：园墙为虎皮石墙身，顶为鹰不落式，青灰顶尺二方砖墙檐，豆渣石台基，园内有城砖散水，现墙身坍塌者共二十一处，共长约一百九十公尺。

施工细则：

1. 拆除及清理：先将与坍塌部分相连鼓闪甚重应拆除部分，由监工员会同包工人，商定拆除之，其堆积之石块渣土等，全部清理干净，石块堆置一旁，以备应用。

2. 砌墙：墙身檐砖以下，石台基以上，利用旧有石块，照原样以一三白灰黄土泥浆，满铺满挤，垒砌墙身，砌至一定高度时，用尺二方砖，以左成分之泥浆，垒砌墙檐。墙帽用半头砖，以一三白灰黄土浆垒砌，砖块不足时，由公家发给，园内取用，但须经监工员之指示。

3. 勾缝：虎皮石墙身砌好后，将缝道清理干净，再用麻刀青灰浆勾凸缝，缝宽不得小于二公分，各缝须圆滑整齐。

4. 抹灰：墙帽需用麻刀泥，打底抹平，再抹麻刀青灰一层（每百斤灰加麻刀五斤），赶光轧平。

5. 散水：园内墙基散水，原为城砖散水，在本工程范围以内者，如有缺少处，用旧城砖以一三白灰黄土浆，照原样铺墁，散水砖块，公家发给，由园内取用。

由上述颐和园园墙建造及修缮的资料，结合《中国古建筑瓦石营法》[24]《古建筑工程施工工艺标准（上）》[25]，以及老工匠传承下来的做法工艺，虎皮石墙成砌大致可以分为以下几部分：

（1）地基与基础

根据《做法细则》和《做法清册》，砌第一层砖之前要先检查基层（台明、上衬石等）是否凹凸不平，如有偏差，应以麻刀灰抹平，叫做衬脚。"外下衬脚埋深高一尺五寸"（0.5米，清代一尺等于31.25厘米，后同），"厚二尺五寸"（0.8米），"埋深满铺豆渣石一层"，两两豆渣石相连处开凹槽，"下铁银锭熟铁搭"，使其连结，形成稳固的基础，并进行灌缝（图175、176）。"豆渣石"是指花岗石的一种。花岗石的种类很多，因产地和质感的不同，有很多名称。南方出产的花岗石主要有麻石、金山石

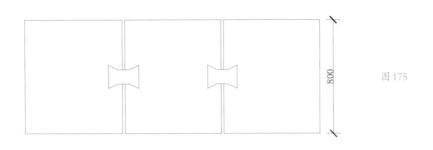

800

图175

图176

图175 / 基础做法示意图
图176 / 苏州街两岸石块
现有加固做法

和焦山石。北方出产的花岗石多称为豆渣石或虎皮石。其中呈黄褐色者多称为虎皮石，即墙身砌筑所用石材，其余可统称为豆渣石。花岗石的质地坚硬，不易风化，适于用做台基、阶条、护岸、地面等。

在现代颐和园园墙砌筑修缮时，园墙基础埋深一般为0.8～1.8米，厚1.3米，增强了园墙稳固性。不同地段的园墙基础也有很大不同。东侧霁清轩至东宫门段园墙的基础下层为灰土夯填层，中层为毛石砌筑基础，上层为花岗岩地栿石。其余大部分园墙的基础下层为灰土夯填层，中层为花岗岩砌筑基础，上层为花岗岩地栿石（图177）。

另外，根据《做法细则》和《做法清册》，墙体临水或土质较软时须打桩来增加地基稳固性。"地脚内长一百八十三丈，砣下柏木桩二路，其余砣下柏木地钉，长三百十八丈二尺，砣下柏木地钉山石掐当"。"柏木桩"又叫"地钉"。地钉打法一般用于土质松软的基础、人工土山上的建筑基础、临水建筑或临水假山基础等。地桩下端应加工成锥状，为防止打桩时损坏桩子，桩尖上要套铁桩帽，桩顶要用铁桩箍加固。传统的地钉长度至少应在1.28米（4尺）以上，长者可达4.8米（1丈5尺）。地钉可用铁碓直接砸

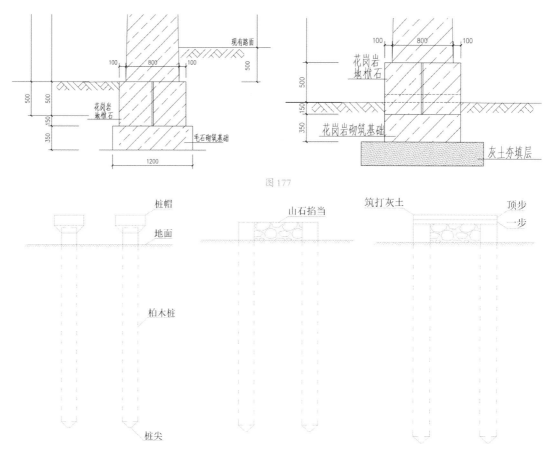

图 177 / 颐和园园墙
基础剖视图
图 178 / 打桩示意图

图 177

图 178

地下，也可以搭打桩架子，叫"碪盘架子"，用桩锤打桩。桩锤中心有一孔洞，中穿铁蕊，铁蕊下端立在桩顶上，这样可以防止桩锤偏歪。桩子可露出地面0.16米（5寸）。如露出地面，露出部分应以碎石填平，叫做"山石掐当"，也可在填充碎石后再做灌浆处理。"散水地脚筑打灰土二步"，其中灰土用于基础，与现代灰土垫层相同，均应分层夯筑，每一层叫"一步"，最后一步叫"顶步"（图178）。一般普通房屋的基础灰土配合比多为3：7（体积比），散水或回填用灰土可采用2：8或1：9的灰土配合比。

（2）墙体

①墙身砌筑

墙身用虎皮石即花岗石堆砌。花岗石的质地坚硬，不易风化。京城一带的官式建筑使用的花岗石通常为单一的黄褐色，其中用于砌墙的不规则石料称"虎皮石"。颐和园园墙的石料均为黄褐色虎皮石，尺寸为30～50厘米。墙身用料一般无须加工，但砌角的石料最好能适当加工。

垛角拴线：根据图示尺寸找出砌体的准确位置，在砌体两端砌石（垛角）。一般情况下应先拴好立线，作为垛角的标准线，再在两端立线之间拴卧线（每层石的砌筑标准线）。也可不拴立线，直接垛角，然后把卧线压在角石的边缘。垛角既可以先期进行，也可以随砌筑随垛角。

砌筑、填馅：砌第一层时先挑选比较方正的石料放在拐角处，然后在两端角石之间拴卧线，按线放置里、外皮石块，并在中间用小块石块填馅。第一层石块应平面朝下，可以不铺灰。铺完第一层石块后用灰把大的石缝塞满二分之一，然后用小石块从外面塞进去，并敲实。砌第二层石块时应与第一层石块尽量错缝，并应尽量挑选能与第一层外形严丝合缝的石块。在第一层上铺灰，铺灰厚度应约2厘米，立缝、斜缝也应挂灰，石块不稳时，应在外侧用小石片垫实。以后各层均同第二层砌法，最后一层应找平砌。砌虎皮石不要求"上跟线、下跟棱"，只要求大体跟线。其砌筑要领可以归纳为"平铺、插卧、倒填、疙瘩碰线"，即：①在许多时候应尽量使石块大头朝下放置，即所谓的"有样没样尖朝上"，这样砌可使每层的"槎口"增多，由于虎皮石（毛石）是多边形且各不相同，因此槎口越多，下一层就越好砌；②砌每一块虎皮石之前都要先挑选，尽量挑选出与砌成的槎口外形相近的石块，并将此相近的边朝下放置，这样砌出的灰缝宽窄才没有明显差异；③对于石料间个别较大的空隙，要用与之形状相近的碎小石块将空隙填平；④由于虎皮石（毛石）的形状既不规则，表面又不平整，因此，砌石时不能像砌砖那样完全以卧线为绝对标准。砌筑时还应注意上下层错缝，内外有拉结石。填馅时，既要避免多用灰少用石甚至不用石，又要避免多用石少用灰甚至不用灰。

园墙传统做法为掺灰泥砌筑墙体。掺灰泥主要用于瓦瓦、墁地、砌碎砖墙。做法为泼灰与黄土拌匀后加水。或生石灰加水，取浆与黄土拌合，焖8小时后即可使用。灰与黄土比例为3:7或4:6或5:5等（体积比）。而从《做法说明书》中可以看出民国时期采用1:3的白灰和黄土浆砌筑。

灌浆：每层或间隔几层后，要用灰浆加水稀释后对虎皮石墙灌浆，灌浆应分两三次灌入，先稀后稠，第一次只灌约三分之一，最后一次点"落窝"，直到全部灌严为止。

②墙身勾缝

"墙身抅抿青灰"。青灰，或称青浆，主要用途有青灰背、青灰墙面赶轧刷浆、筒瓦屋面檐头绞脖、黑活屋顶眉子、当沟刷浆。通过青灰加水搅拌成浆状后过细筛（网眼宽不超过0.2厘米）制成。在制作过程中，兑水两次以上时，应补充青灰，以保证质量。虎皮石墙砌完后，将缝道清理干净，顺石料接缝处做出青灰色的缝，以便与黄褐色的花岗岩组合勾勒出虎皮的特征。传统灰缝有平缝、凸缝和凹缝三种形式。凸缝又可分为带子条（平鼓缝）、荞麦棱（剖面呈三角形）和圆线（用于虎皮石，叫"泥鳅背"）。

颐和园园墙双面均为泥鳅背勾缝（图179）。按工艺采用传统大麻刀月白灰喂缝；小麻刀灰勾缝，顺原石缝自然走向呈泥鳅背状，然后再统一描缝。缝宽不得小于2厘米，各缝须圆滑整齐（图180）。

（3）拔檐和墙帽

拔檐指一层或两层的直檐。《做法细则》和《做法清册》中均提到"拔檐尺二方砖一层"，《做法说明书》也提到"（墙身）砌至一定高度时，用尺二方砖，以左成分之泥浆，垒砌墙檐"。尺二方砖，顾名思义，边长为一尺二寸。其主要用于小式墁地、博缝、檐

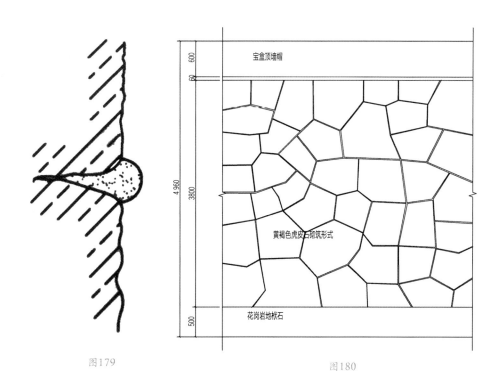

图179

图180

图179 / 泥鳅背勾缝示意图
图180 / 虎皮石墙示意图

料、杂料等。其设计参考尺寸（糙砖规格）400×400×60或360×360×60[1]，清代官窑烧制规格为384×384×64，砍净尺寸按糙砖尺寸扣减10~30毫米计算 。而现代修砌颐和园园墙时均采用尺四方砖铺设砖檐。

颐和园园墙墙帽大部分为传统宝盒顶形式（图181），现代多采用掺灰泥糙砖卡砌，外抹麻刀灰背。《做法清册》和《做法细则》中均提到"墙顶抹饰青灰"。

民国时期的《做法说明书》中提到当时修缮的现状为"园墙为虎皮石墙身，顶为鹰不落式"，"墙帽需用麻刀泥，打底抹平，再抹麻刀青灰一层（每百斤灰加麻刀五斤），赶光轧平"。结合历史资料、修缮传统及园墙现状，可知颐和园园墙有部分段为鹰不落式墙帽（图182），位于德和园东侧。

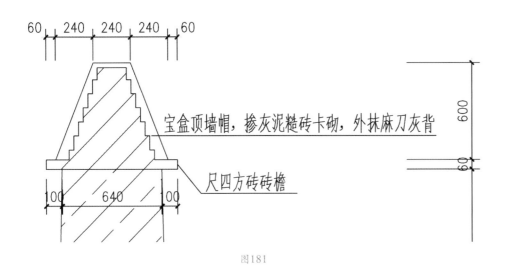

图181

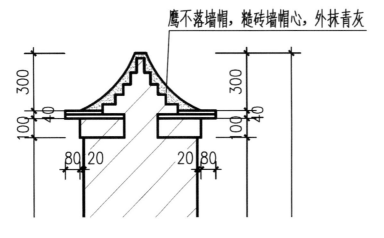

图182

图181 / 颐和园园墙宝盒顶墙帽示意图

图182 / 颐和园园墙鹰不落墙帽示意图

【1】单位为毫米，本章下同。

（4）散水

散水是墙体砌筑中的重要部分，其主要作用是迅速排走墙脚的雨水，避免雨水冲刷地基，渗透到地基和墙体（图183）。《做法细则》与《做法清册》中提到，"散水灰砌新样城砖"。《做法说明书》中提到"园内墙基散水，原为城砖散水，在本工程范围以内者，如有缺少处，用旧城砖以一三白灰黄土浆，照原样铺墁，散水砖块，公家发给，由园内取用。"散水铺砌一般要有5%的角度以便排水。

（5）排水孔和水槽

为便于排水，现代虎皮石园墙修缮时多在墙根设有排水孔，与地面有高差时设置排水槽，尤其是在园墙紧邻绿化时（图184、185）。

图183／颐和园园墙修缮后散水

图184-1／北如意门至北宫门之间的排水孔

图184-2／北如意门至北宫门之间的排水孔

图185／南如意门北侧排水孔和水槽

4.2.3 虎皮石墙砌筑材料

一 石材及粘结材料成分检测

本节通过对颐和园园墙砌筑材料进行取样观察检测，对各类材料进行宏观及微观的观察，并进行材料的比对判别。另外，通过对比三山五园同类材料的检测结果，分析颐和园园墙与其他皇家园林园墙所用材料的异同，为今后园墙修复取材提供参考。

虎皮石墙砌筑材料检测采用的仪器有扫描电镜和X射线能谱仪。扫描电镜（SEM）是介于透射电镜和光学显微镜之间的一种微观形貌观察手段，可直接利用样品表面材料的物质性能进行微观成像。能谱仪利用不同元素具有自己的X射线特征波长这一特点来进行成分分析。通过待测物质与现有物质的衍射谱对比，可以判断待测物质的成分。

1. 虎皮石块

（1）颐和园园墙四期新添虎皮石块

由外观图可以看出颐和园园墙四期新添虎皮石块外观呈现出发黄的类似虎皮一样的颜色，其质地坚硬，内部存在较细的颗粒；由石块在不同分辨率下的扫描电镜图可以看出，其在微观上呈现出片状的形貌，且片状结构之间结合较为紧密；在石块的X射线衍射谱中，主晶相为SiO_2，对应的晶型为石英，并且衍射谱以SiO_2的衍射峰为主，说明该石料主要成分为石英，剩余的一些微弱的峰主要来源于其他杂质（图186）。

（2）颐和园园墙四期原虎皮石块

颐和园园墙四期原虎皮石块外观呈现红褐色，其质地坚硬，内部存在较细的颗粒；由扫描电镜图可以看出该石块在微观上呈现出颗粒堆积形貌，凹凸起伏较大，颗粒团聚现象明显；X射线衍射谱表明该石料主要成分为石英，有部分杂质（图187）。

（3）圆明园如园遗址填墙石料

圆明园如园遗址填墙石料外观为黄褐色，其质地坚硬，内部存在较细的颗粒及大孔径气孔；在微观上呈现出片状的形貌，片层为搭接状，片状结构间存在硬顶空隙，气孔较少；X射线衍射图表现该石料主要成分为石英，剩余的一些微弱的峰主要来源于其他杂质（图188）。

图186-1 / 颐和园园墙四期新添虎皮石块外观图

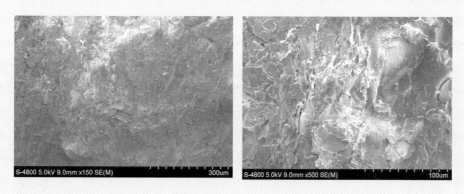

图186-2 / 颐和园园墙四期新添虎皮石块在不同分辨率下的扫描电镜图

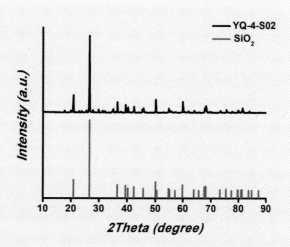

图186-3 / 颐和园园墙四期原虎皮石块的XRD分析

图 187-1 / 颐和园园墙四期原虎皮石块外观图

图 187-2 / 颐和园园墙四期原虎皮石块在不同分辨率下的扫描电镜图

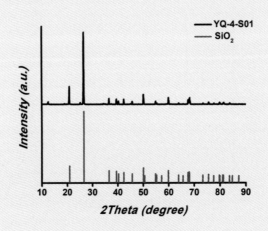

图 187-3 / 颐和园园墙四期原虎皮石块的 XRD 分析

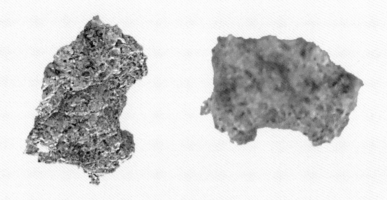

图188－1／圆明园如园遗址填墙石料外观图

图188－2／圆明园如园遗址填墙石料在不同分辨率下的扫描电镜图

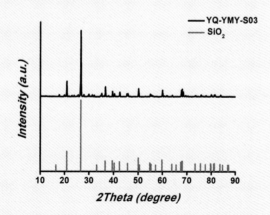

图188－3／圆明园如园遗址填墙石料的XRD分析

（4）圆明园紫碧山房遗址院墙虎皮石块

圆明园紫碧山房遗址院墙虎皮石块外观呈现出发黄的类似虎皮一样的颜色，其质地坚硬，内部存在较细的颗粒，石块间存在乳白色具有花纹状条带分布石层；在微观上呈现出片状形貌，且片状结构之间结合较为紧密；X射线衍射图表明该石料主要成分为石英，剩余的一些微弱的峰主要来源于其他杂质（图189）。

图189-1 / 圆明园紫碧山房遗址院墙虎皮石块外观图

图189-2 / 圆明园紫碧山房遗址院墙虎皮石块在不同分辨率下的扫描电镜图

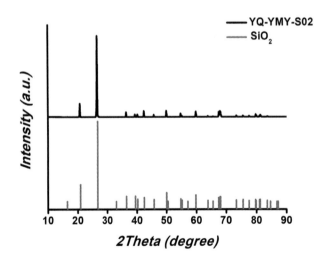

图189-3 / 圆明园紫碧山房遗址院墙虎皮石块的XRD分析

（5）圆明园百姓捐助虎皮石块

圆明园百姓捐助虎皮石块外观呈现出黄褐色，其质地坚硬；在微观上呈现出分块状形貌，部分块体较为平缓，部分块体棱角鲜明且具有较规则几何体形状；X射线衍射图表明该石料主要成分为石英，剩余的一些微弱的峰主要来源于其他杂质（图190）。

图190-1／圆明园百姓捐助虎皮石块外观图

图190-2／圆明园百姓捐助虎皮石块在不同分辨率下的扫描电镜图

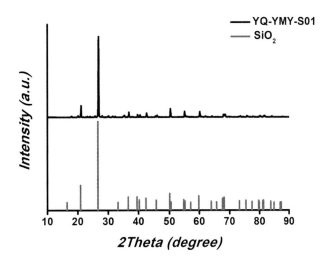

图190-3／圆明园百姓捐助虎皮石块的XRD分析

（6）盘山静寄山庄虎皮石块

盘山静寄山庄虎皮石块外观呈现出发黄的类似虎皮一样的颜色，其质地坚硬；在微观上呈现出整体平滑且具有少量片层状的形貌，片状结构之间结合极为紧密；X 射线衍射图表明该石料主要成分为石英和钙长石，剩余的一些微弱的峰主要来源于其他杂质（图 191）。

（7）门头沟采石场虎皮石块

门头沟采石场虎皮石块外观呈现出发黄的类似虎皮一样的颜色，其质地坚硬，内部存在气孔；在微观上呈现出片状的形貌，且片状结构之间结合极为紧密；X 射线衍射图表明该石料主要成分为石英和白云石，剩余的一些微弱的峰主要来源于其他杂质（图 192）。

由以上虎皮石块取样检测结果可得数如下结果（表 1）：

表 1　颐和园、圆明园、盘山、门头沟虎皮石块取样对比表

取样名称	颜色	微观结构	主要成分
颐和园园墙四期新添虎皮石块	发黄	片状，结合紧密	石英、杂质
颐和园园墙四期原虎皮石块	红褐色	颗粒堆积，团聚	石英、杂质
圆明园如园遗址填墙石料	黄褐色	片状，搭接状，硬顶空隙	石英、杂质
圆明园紫碧山房遗址院墙虎皮石块	发黄	片状，结合紧密	石英、杂质
圆明园百姓捐助虎皮石块	黄褐色	分块状	石英、杂质
盘山静寄山庄虎皮石块	发黄	整体平滑，少量片层结合紧密	石英、钙长石、杂质
门头沟采石场虎皮石块	发黄	片状，结合紧密	石英、白云石、杂质

由所取样的颐和园、圆明园、盘山静寄山庄及门头沟采石场的虎皮石块的外观、

图 191-1 / 盘山静寄山庄虎皮石块外观图

图 191-2 / 盘山静寄山庄虎皮石块在不同分辨率下的扫描电镜图

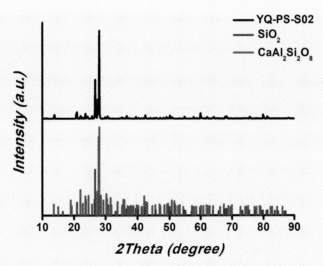

图 191-3 / 盘山静寄山庄虎皮石块的 XRD 分析

图 192-1 / 门头沟采石场虎皮石块外观图

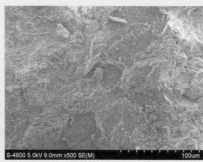

图 192-2 / 门头沟采石场虎皮石块在不同分辨率下的扫描电镜图

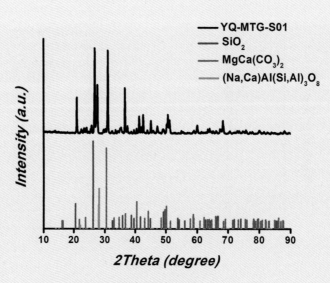

图 192-3 / 门头沟采石场虎皮石块的 XRD 分析

微观及成分检测可知，虎皮石外观一般呈现黄色、黄褐色、红褐色等。几种颜色的虎皮石搭配青灰勾缝，产生黄底灰纹的如虎皮一般的效果，在皇家山地园林中更能突出其气象威严。由石块在不同分辨率的电镜扫描图可以判断虎皮石的内部构造有不同的形貌，主要有片层状、颗粒状、分块状，但各种结构均具有结合较为紧密的特点，在宏观上表现为质地坚硬，强度较高，这也是虎皮石被选为砌筑皇家园林园墙的常用石材的重要原因之一。另外，虎皮石的主要成分为石英，有的含有钙长石、白云石，普遍含有杂质。

2．砌筑灰

（1）颐和园园墙四期虎皮石墙砌筑灰

虎皮石墙砌筑灰，外观呈现出黄褐色，质软易碎，内部存在白色较粗颗粒及气孔；其在微观上呈现出颗粒堆积形成的凹凸形貌，颗粒呈不规则几何体，气孔孔径较大，数量较多；X 射线衍射图中，主晶相为 SiO_2、$CaCO_3$、$CaMg(CO_3)_2$，对应的晶型为石英、方解石和白云石（图 193）。

（2）圆明园如园遗址虎皮石墙砌筑灰

圆明园如园遗址虎皮石墙砌筑灰外观呈现出黄褐色，质软易碎，内部存在较粗颗粒及气孔，同时，灰样内部有草本植物存在；在微观上呈现出紧密堆积的形貌，气孔较少，存在少量随机分布的草本植物；X 射线衍射图表明该物质主要成分为 SiO_2 和 $CaCO_3$，对应的晶型为石英和方解石，剩余的一些微弱的峰主要来源于其他杂质（图 194）。

（3）圆明园紫碧山房遗址虎皮石院墙砌筑灰

外观呈现出黄褐色，质软易碎，表面存在少量白色较粗颗粒及气孔；在微观上呈现出颗粒堆积形成的凹凸形貌，颗粒存在堆积团聚现象，气孔较少；X 射线衍射图表明该物质主要成分为 SiO_2 和 $CaCO_3$，对应的晶型为石英和方解石（图 195）。

（4）承德避暑山庄虎皮石墙砌筑灰

承德避暑山庄虎皮石墙砌筑灰外观呈现出黄褐色，质软易碎，内部存在较粗颗粒及大量气孔；在微观上呈现出颗粒堆积形成的凹凸形貌，颗粒粒径较小，气孔较多；X 射线衍射图表明该物质主要成分为 SiO_2 和 $CaCO_3$，对应的晶型为石英和方解石（图196）。

图 193-1 / 颐和园园墙四期虎皮石墙砌筑灰外观图

图 193-2 / 颐和园园墙四期虎皮石墙砌筑灰在不同分辨率下的扫描电镜图

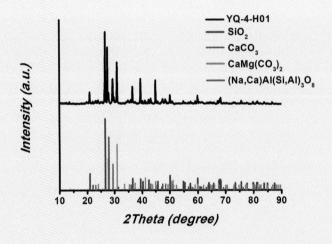

图 193-3 / 颐和园园墙四期虎皮石墙砌筑灰的 XRD 分析

图 194-1 / 圆明园如园遗址虎皮石墙砌筑灰外观图

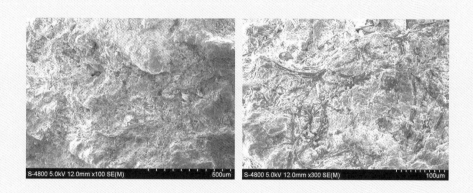

图 194-2 / 圆明园如园遗址虎皮石墙砌筑灰在不同分辨率下的扫描电镜图

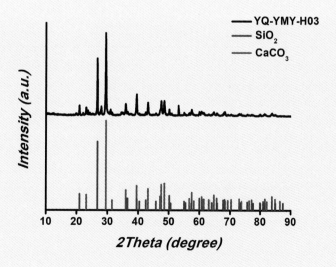

图 194-3 / 圆明园如园遗址虎皮石墙砌筑灰的 XRD 分析

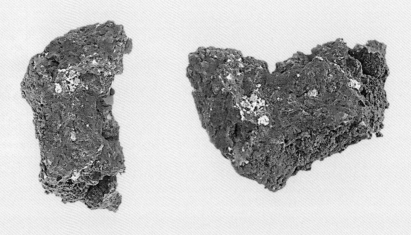

图195-1 / 圆明园紫碧山房遗址虎皮石院墙砌筑灰外观图

图195-2 / 圆明园紫碧山房遗址虎皮石院墙砌筑灰在不同分辨率下的扫描电镜图

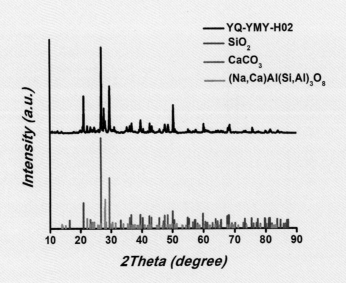

图195-3 / 圆明园紫碧山房遗址虎皮石院墙砌筑灰的 XRD 分析

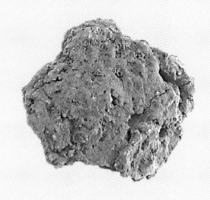

图196-1 / 承德避暑山庄虎皮石墙砌筑灰外观图

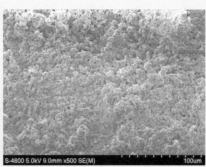

图196-2 / 承德避暑山庄虎皮石墙砌筑灰在不同分辨率下的扫描电镜图

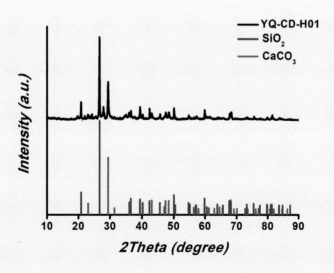

图196-3 / 承德避暑山庄虎皮石墙砌筑灰的 XRD 分析

表2 颐和园、圆明园、避暑山庄虎皮石墙对比表

取样名称	外观	微观	主晶相	对应的晶型
颐和园园墙四期虎皮石墙砌筑灰	黄褐色，质软易碎，有气孔	颗粒堆积，气孔孔径较大、数量较多	SiO_2、$CaCO_3$、$CaMg(CO3)_2$	石英、方解石和白云石
圆明园如园遗址虎皮石墙砌筑灰	黄褐色，质软易碎，有气孔，有草本植物	紧密堆积，气孔较少	SiO_2 和 $CaCO_3$	石英和方解石
圆明园紫碧山房遗址虎皮石院墙砌筑灰	黄褐色，质软易碎，有气孔	颗粒堆积，气孔较少	SiO_2 和 $CaCO_3$	石英和方解石
承德避暑山庄虎皮石墙砌筑灰	黄褐色，质软易碎，有大量气孔	颗粒堆积，颗粒粒径较小，气孔较多	SiO_2 和 $CaCO_3$	石英和方解石

由以上虎皮石墙砌筑灰的检测结果可知，砌筑灰一般呈黄褐色，主要成分有二氧化硅和碳酸钙（表2）。颐和园园墙四期虎皮石墙砌筑灰的成分中还有白云石，白云石可作为水泥原料，推测颐和园园墙四期修复时使用了水泥。圆明园如园遗址虎皮石墙砌筑灰中含有草本植物，即砌筑灰中掺杂了麻刀，增强其粘结性，防止开裂。砌筑灰在宏观及微观上都可观察到气泡，但气泡数量与大小差别也较大，这主要与砌筑灰在制作过程中掺杂空气量有关，与当时施工工艺有关。砌筑灰总体来说质软易碎，说明其强度较低，这也是虎皮石墙勾缝灰脱落后虎皮石块易松动的重要原因。

3. 墙帽灰

（1）颐和园园墙五期鹰不落墙帽灰

颐和园园墙五期工程中鹰不落墙帽的抹灰取样，外观呈现出深灰色伴随有白色颗粒，易碎，内部整体颗粒较细，同时存在少量粗颗粒及少量较大的气孔；在微观上呈

现出具有一定起伏的形貌，整体较为光滑，颗粒粒径较小、均匀，且颗粒堆积较为紧密，气孔较少；X射线衍射图表明该物质主要成分为SiO_2和$CaCO_3$（图197）。

（2）颐和园园墙五期鹰不落墙帽灰（德和园西夹道）

从外观图来看，德和园西夹道园墙鹰不落墙帽灰呈现出黄褐色的外观，质软易碎，内部存在较多白色粗颗粒及气孔；在微观上呈现出整体性礁石状形貌，颗粒结合性较好，表面存在类似融化的现象，气孔不明显；其X射线衍射谱则表明该物质主要成分为$CaCO_3$，有一些其他杂质（图198）。

第五期园墙修缮工程中，德和园西夹道的鹰不落墙帽灰与其他鹰不落墙帽灰成分相比缺少SiO_2，从而使其微观形貌与其他墙帽灰不同。但总体来说，墙帽灰强度较低、易碎，且在长期的自然环境作用下，更容易酥碱脱落。

4．颐和园园墙五期鹰不落瓦檐（板瓦）

园墙五期鹰不落瓦檐为外观呈现出深灰色、质地坚硬的具有一定弧度的瓦片；取样在微观上呈现凹凸不平的形貌，颗粒堆积较为紧密，气孔较少；X射线衍射图表明，该物质主要成分为石英和钠长石，剩余的一些微弱的峰主要来源于其他杂质（图199）。

瓦檐一般为统一烧制，其内部构造紧密，气孔较少，主要与其烧制工艺有关。构造特点使其在一般气候条件下发挥着保护虎皮石墙的墙帽、促进排水等作用。弧状的外观形态也有利于制作各种花瓦顶，增加墙的美观性与趣味性。

5．砖

（1）颐和园园墙五期方砖试样

虎皮石墙墙帽方砖试块，外观为深灰色正方体，其质地坚硬，敲之有声，存在较多气孔；在微观上呈现出凹凸形貌，颗粒团聚呈较大块体，气孔大量分布；X射线衍射图表明该石料主要成分为石英（图200）。

（2）颐和园园墙四期原墙帽方砖与新添墙帽方砖对比

园墙四期原墙帽方砖与新添墙帽方砖，外观均为深灰色，质地坚硬，存在较小尺寸气孔；由不同分辨率的电镜扫描图可以看出，在微观上原方砖与新添方砖均呈现出具有一定起伏的凹凸形貌，且有气孔大量分布；X射线衍射图也较为一致，表明该石料主要成分为石英（图201～202）。

图 197－1 / 颐和园园墙五期鹰不落墙帽灰外观图

图 197－2 / 颐和园园墙五期鹰不落墙帽灰在不同分辨率下的扫描电镜图

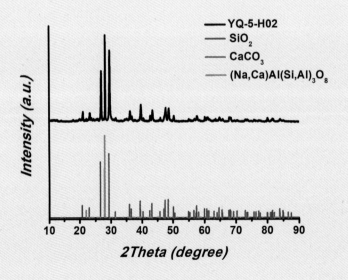

图 197－3 / 颐和园园墙五期鹰不落墙帽灰的 XRD 分析

图 198-1 / 五颐和园园墙五期鹰不落墙帽灰（德和园西夹道）外观图

图 198-2 / 颐和园园墙五期鹰不落墙帽（德和园西夹道）在不同分辨率下的扫描电镜图

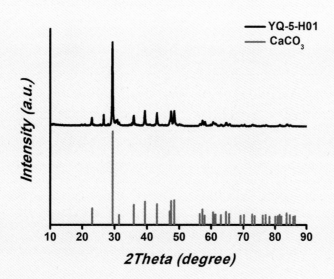

图 198-3 / 颐和园园墙五期鹰不落墙帽灰（德和园西夹道）的 XRD 分析

图 199-1 / 颐和园园墙五期鹰不落瓦樘（板瓦）外观图

图 199-2 / 颐和园园墙五期鹰不落瓦樘（板瓦）在不同分辨率下的扫描电镜图

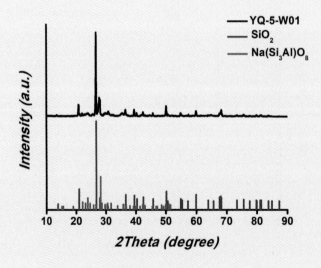

图 199-3 / 颐和园园墙五期鹰不落瓦樘瓷的 XRD 分析

图 200-1 / 颐和园园墙五期鹰不落瓦檐瓷的 XRD 分析五期墙帽方砖外观图

图 200-2 / 颐和园园墙五期鹰不落瓦檐瓷的 XRD 分析五期墙帽方砖不同分辨率下的扫描电镜图

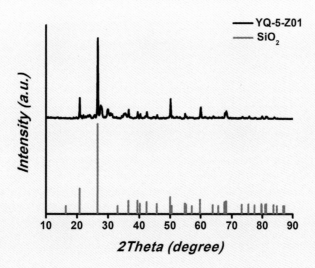

图 200-3 / 颐和园园墙五期墙帽方砖的 XRD 分析

图 201-1 / 颐和园园墙四期原墙帽方砖外观图

图 201-2 / 颐和园园墙四期原墙帽方砖不同分辨率下的扫描电镜图

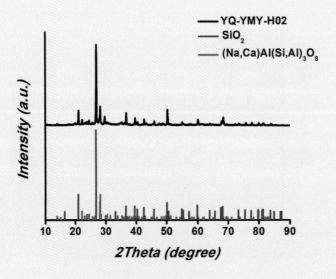

图 201-3 / 颐和园园墙四期原墙帽方砖的 XRD 分析

图 202-1 / 颐和园园墙四期新添墙帽方砖外观图

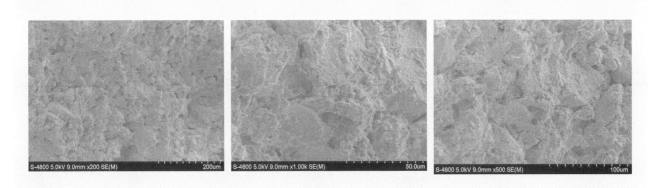

图 202-2 / 颐和园园墙四期新添墙帽方砖不同分辨率下的扫描电镜图

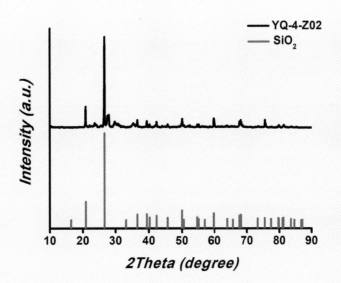

图 202-3 / 颐和园园墙四期新添墙帽方砖的 XRD 分析

颐和园园墙四、五期工程中所采用的墙帽方砖检测结果基本相同，与四期原墙帽方砖也较为一致。颐和园园墙墙帽所用方砖一般为统一烧制，规格基本相同，外观为深灰色，质地坚硬，敲之有声。其内部一般含有大量的小气孔，与方砖的烧制工艺有关。

二　石材物理性能测试

物理性能测试主要是测试试样的密度、开口气孔率及抗压强度。

（1）颐和园园墙四期新添虎皮石块（图203；表3）

表3　颐和园园墙四期新添虎皮石块参数

密度	开口气孔率	抗压强度
2.52 g/cm^3	3.9 %	185 MPa

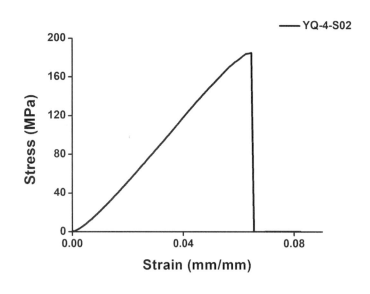

图203 / 颐和园园墙四期新添虎皮石块抗压曲线

（2）圆明园如园遗址填墙石料（图204；表4）

表4　圆明园如园遗址填墙石料参数

密度	开口气孔率	抗压强度
2.25 g/cm^3	2.6 %	57.9 MPa

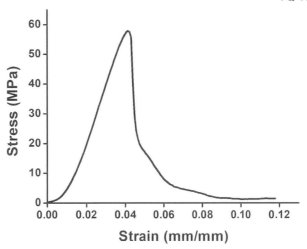

图 204 / 圆明园如园遗址填墙石料抗压曲线

（3）圆明园百姓捐助虎皮石块（图205；表5）

表5　圆明园百姓捐助虎皮石块参数

密度	开口气孔率	抗压强度
2.445 g /cm³	2 %	81.6 MPa

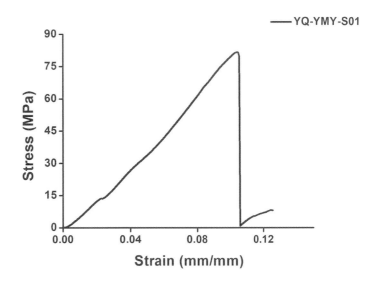

图 205 / 圆明园百姓捐助虎皮石块抗压曲线

（4）盘山静寄山庄虎皮石块（图206；表6）

表6　盘山静寄山庄虎皮石块参数

密度	开口气孔率	抗压强度
2.502g /cm³	1.5 %	300.4 MPa

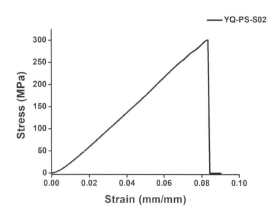

图206 / 盘山静寄山庄虎皮石块抗压曲线

（5）门头沟采石场虎皮石块（图207；表7）

表7　门头沟采石场虎皮石块参数

密度	开口气孔率	抗压强度
2.317g /cm³	9.6 %	100.42 MPa

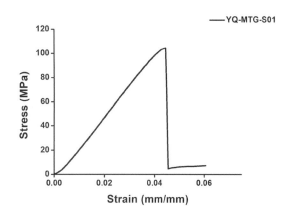

图207 / 门头沟采石场虎皮石块抗压曲线

由以上可知，虎皮石密度有2.3～2.5克／立方厘米不等，开口气孔率相差较大，与其成岩时的外界环境有关。抗压强度比较：盘山静寄山庄虎皮石块300.4兆帕，颐和园四期新添虎皮石块185兆帕，门头沟采石场虎皮石块100.42兆帕，圆明园百姓捐助虎皮石块81.6兆帕，圆明园如园遗址填墙石料57.9兆帕。花岗石抗压强度在100～300兆帕，所测虎皮石块基本符合。

第三节
园墙的受力特征分析

本节通过采用ABAQUS有限元分析软件，对虎皮石墙在风荷载下的受力情况进行分析，总结其容易受损的影响因素，为园墙保护策略的制定提供理论依据。

根据虎皮石墙砌筑工艺研究，可还原清代颐和园早期园墙截面形式，如图所示（图208）。

而后经过拆改增高，颐和园现存虎皮石园墙，相比于清代虎皮石墙砌筑形式，基本相同，墙厚相同且均有增高，主要有两种分类情况。

（1）高度不同，在五期园墙修缮工程竣工图中，虎皮石墙体高大部分为4.96米，只有第四期工程中从霁清轩到东宫门350～375米段较矮，为4.66米，如图所示（图209）。

（2）墙体两侧埋深不同，由于地势起伏，两侧埋深落差不等（图210）。

构造和形式基本相同时，选取具有代表性且较危险的园墙进行分析即可。这里选取两侧埋深相同、高4.96米的虎皮石墙进行建模分析。根据园墙剖面详图（图211），在ABAQUS中建立100米长的模型。墙体横断面各部分截面尺寸详见下图（图212）。

建模过程中分别做了如下的假设和处理：①将墙帽及砖檐简化成截面为梯形和矩形组成的整体，材料均匀且均为砖；②虎皮石墙由花岗岩和灰浆砌筑成整体，截面为梯形；③花岗岩砌筑基础下的混凝土垫层可简化为夯实土，并和地基土紧密作用；④假设园墙结构中的各种材料都是均匀的，密实度大，没有出现沉陷、裂缝、脱空、鼓胀、

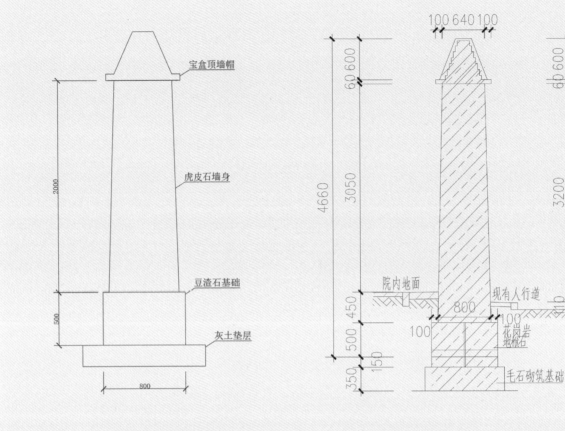

图 208 / 颐和园早期园墙截面形式

图 209 / 颐和园五期 4.66 米高园墙截面形式

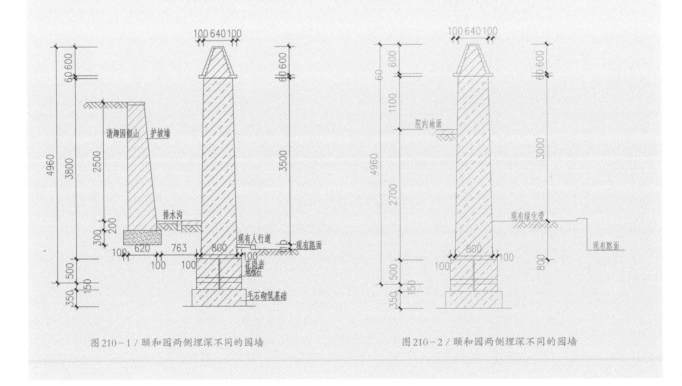

图 210-1 / 颐和园两侧埋深不同的园墙

图 210-2 / 颐和园两侧埋深不同的园墙

颐和园园墙
保护性修缮研究

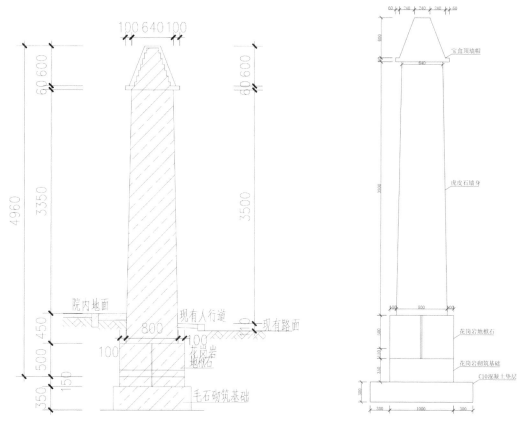

图211-1 / 颐和园园墙剖面详图　　　　　图212 / 颐和园园墙建模截面示意图

风化剥蚀、水害等现象；⑤将墙帽、墙体和基础作为独立部分分别建模，墙帽与墙体、墙体与基础之间存在弹塑性连接，分配各自不同的参数属性进行网格划分并求解。

结构材料的参数如下表所示（表8）：

表8　颐和园园墙结构材料参数一览表

结构材料	ρ /(kg /m³)	E /Pa	μ
墙帽及砖檐	1900	2.7*1011	0.10
虎皮石墙	2520	2.98*1010	0.17
花岗岩基础	3070	6.11*1010	0.36
C₁₀混凝土垫层	2360	1.75*1010	0.18

在ABAQUS中建模分析的步骤及建立的模型如下（图213、214）：

依据GB 50009《建筑结构荷载规范》，计算墙体风荷载时可采用以下公式：

高度z处的风振系数，根据规范取1.70；

局部体型系数，根据规范取0.8；

风压高度变化系数，根据规范取1；

基本风压，采用北京市50年重现期的基本风压0.45 kN /m²。

计算可得风荷载标准值。考虑最危险的情况，垂直于墙体施加。在模型中施加载荷及边界条件如下图所示（图216）。

经运行计算后，模拟结果如下（图217、218）：

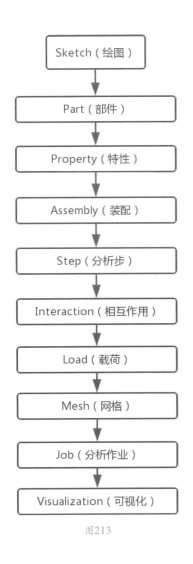

图213

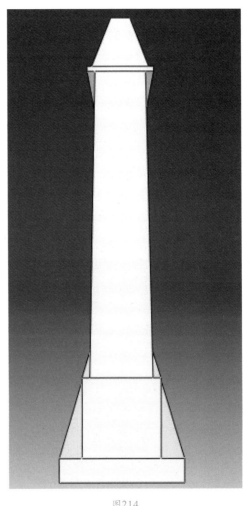

图214

图213 / ABAQUS建模分析步骤

图214 / ABAQUS中墙体模型透视图

图215 / 园墙模型网格划分结果（局部）

图216 / 施加风雪荷载及边界条件

图217 / 模拟结果整体

图218 / 模拟结果局部

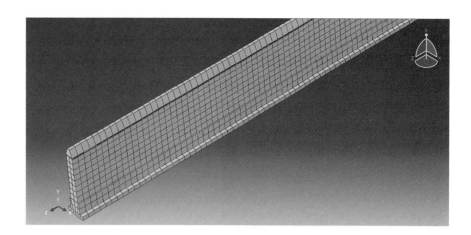

图215

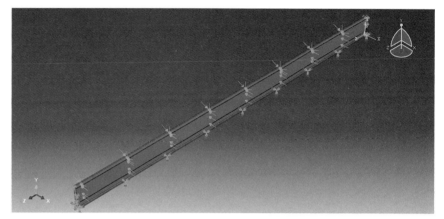

图216

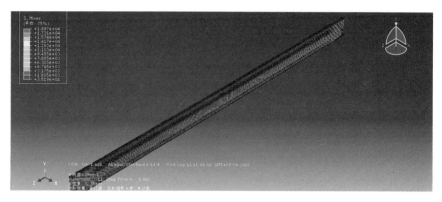

图217

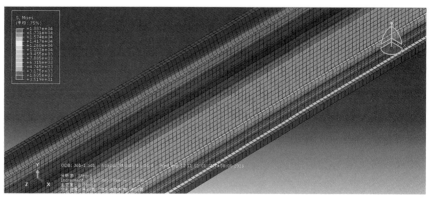

图218

由模拟结果可以看出，园墙底部及墙帽所受应力较大，容易发生破坏。主要是由于墙帽与墙体、墙体与基础的粘结材料性能较差，可在后期修砌墙体时多加注意，适当提高材料强度。

第四节
园墙病害机理与保护策略

颐和园园墙为传统黄褐色虎皮石墙，由花岗岩毛石掺灰泥砌筑而成。花岗岩的主要成分为二氧化硅，其独特的性能使其作为建筑墙体材料有很大的优势。花岗岩耐磨性能好、热膨胀系数小、弹性模量大、刚性好、内阻尼系数大；花岗岩具有脆性，受损后只是局部脱落，不影响整体的平直性；花岗岩的化学性质稳定，不易风化，能耐酸、碱及腐蚀气体的侵蚀。

花岗岩性能良好，但由其掺杂灰泥砌筑而成的墙体综合性能大大折减，且由于颐和园园墙历史年代久远、环境影响、多次性局部修缮等原因，虎皮石墙仍会出现较多问题，形成安全隐患。通过异地调研、访谈，对以颐和园为主，并结合承德避暑山庄、圆明园、香山等地的虎皮石墙的病害类型及机理进行总结，并有针对性地提出保护策略，为虎皮石墙保养规程的制定提供支撑。

4.4.1 虎皮石墙病害类型及机理

虎皮石墙主要由基础、墙体、散水及墙帽四部分组成，每一部分都会受到施工方法、材料选择、自然环境、人为干预等原因而出现病害表现，主要分为以下几点。

1. 基础下沉、裸露或损坏

（1）土质松软，地基处理不足，在墙体自身重力的长期作用下基础下沉。

（2）相邻道路地势变化使基础掩埋或裸露。

东宫门至霁清轩一段园墙分内、外两层，外侧园墙长420米。此段外侧虎皮石园墙东侧紧邻市政道路，因路面地势抬高造成东侧外露部分普遍偏矮。西侧紧邻谐趣园和颐和园宾馆，也有一部分墙体处于现有地面以下。

（3）水土流失，墙根处土层被冲刷，路面降低，基础裸露，使其容易受损。

从南如意门向北300米园墙外侧因水土流失，园墙毛石基础裸露（图219）。

2. 墙体鼓闪、开裂、倾斜变形及坍塌

墙体鼓闪是指墙体局部内外层严重分离，出现外表局部凸起现象。墙体开裂是指墙体表面出现形式不同、长短不一、宽度不等的裂隙，主要形式有垂直贯穿裂隙、锯齿形斜向裂隙、局部区域水平和竖向裂隙以及不规则鼓胀、竖向裂隙等。墙体鼓闪、开裂范围较大，程度严重时，表现为墙体倾斜变形。另外，墙体出现鼓闪、开裂后，墙体渗水，勾缝灰易溶于水，加速其老化流失，使墙体石块松动。如遇到连续降雨，雨水大量渗入，加之园墙体自重，导致局部失稳坍塌。这些病害主要表现为墙体结构形式发生变化，影响墙体稳定性，形成安全隐患。形成这类病害的原因也较多较复杂。

（1）墙体冻胀循环导致墙体稳定性降低。这类情况主要出现在墙体与花坛、绿化植被相邻时，在浇灌植被花草的同时，园墙长期受水侵蚀（图220）。

（2）墙缝中长出植物，植物根部的挤胀作用使墙体石块鼓闪（图221）。

图219／如意门北300米处园墙毛石基础裸露

（3）石块砌筑无序、手法不均匀，或使用材料不一致，或多次拆补，不考虑原有基础或墙体的强度，使墙体受力不均匀，造成局部鼓闪（图222）。

（4）墙体两侧存在高差，土压力不平衡，墙体长期在一侧土压力作用下出现失稳。

（5）基础不均匀下沉，尤其是墙体拐角处沉降不均匀，使墙体受力不均匀，局部失稳。

（6）墙帽缺失或损坏时，雨水可以直接从墙体顶部渗入墙体；散水缺失或损坏时，雨水通过毛细作用从墙体底部渗入墙体。当雨水渗入墙体后，使砌筑灰、勾缝灰溶解，使墙整体稳定性降低。

3. 墙面风化剥落，虎皮石松动

墙面风化剥落是指墙体立面表皮剥落，石块与石块之间的灰浆老化失效，墙体局

图220／园墙与花坛相邻，浇灌植物致园墙长期受水侵蚀　　　图221／墙体上长出植物，植物根部挤胀使墙体石块鼓闪

图222－1　　　　　　　　　　　　图222－2

图222／补砌园墙材料及做法混乱造成墙体局部鼓闪

部出现石块表皮剥离或塌落。

酸雨和菌类是使虎皮石表皮受损的主要影响因素，但总体来说，虎皮石物理性能良好，材料磨损和老化程度慢，可以不予考虑。

勾缝灰强度低，易溶于水，在雨水冲刷或渗入后，容易酥碱脱落；勾缝中长出植物，其根系的蓄水和挤胀作用也会使灰浆老化失效，最终均造成墙体虎皮石块松动（图223）。

图223-1　　　　　　　　　　　　　　　　图223-2

图223 / 局部虎皮石松动

4.4.2 虎皮石墙美观性影响因素

虎皮石墙以黄褐色虎皮石与青灰色勾缝相组合形成虎皮般外观而得名，但做法工艺、材料选择等不同，会对其美观性造成较大的影响，主要表现有以下几点。

1. 石料零碎，用料杂乱，手法不一。

虎皮石墙所用石块大小一般在30～50厘米，过大过小对墙体外观整体性影响较大；且虎皮石颜色较深为佳，白色或偏浅色使墙体失去"虎皮"一般的颜色（图224）。

2. 勾缝与石料缝隙走向不一致，用水泥抹平缝或抹平缝后勾假缝均使墙体勾缝杂乱，影响美观性（图225）。

3. 勾缝形式不相同，颜色过深，宽度不均匀。

颐和园虎皮石墙勾缝一般采用泥鳅背缝，青灰色，宽度大于2厘米。采用平缝、黑缝使墙体"黄底灰纹"的虎皮形象被破坏（图226）。

图 224

图 225-1

图 225-2

图 225-3

图 225-4

图224 / 虎皮石墙所用石料颜色差异明显

图225-1 / 勾缝与石料缝隙走向不一致

图225-2 / 大面积用水泥补抹

图225-3 / 勾缝用水泥抹平

图225-4 / 外抹水泥勾假缝

4.4.3 虎皮石墙保护策略

针对上述分析虎皮石墙病害及美观性影响因素，总结其保护策略如下。

1. 严格遵守传统砌筑工艺，选材、砌筑须严把质量关

虎皮石墙砌筑主要分为基础、墙身、勾缝、拔檐和墙帽、散水几部分。墙身砌筑时，垛角拴线、砌筑、填馅、灌浆要严格遵守传统砌筑工艺，采用泥鳅背青灰勾缝，宽度应均匀且相同。在虎皮石选材时，要尽量挑选尺寸为30～50厘米的黄褐色花岗岩，避免用料杂乱零碎。砌筑时也需将黄褐色表面平整的一面放置外侧，使整体美观协调。

1 | 2 | 3
4 | 5

图226 / 勾缝宽度从3~8
厘米不等, 形式不同

图226

2. 避免虎皮石墙两侧高差过大, 或在高差过大时提高墙体强度

虽然花岗岩性能良好, 强度高且耐受性好, 但墙体由于其掺杂灰泥而砌成, 虎皮
墙墙体的综合性能有一定折减。在北方山地园林中, 墙体两侧高差不同甚至相差很多
的情况较为普遍, 此时便需做好受力计算, 提高墙体强度, 防止墙体长期受土压力而
形成鼓闪开裂, 造成安全隐患。

3. 虎皮石墙与绿植相邻, 或做好防护措施

水的侵蚀是墙体产生病害的根本原因之一。虎皮石墙与绿植相邻时, 长期在浇灌植被
花草的同时受到水的侵蚀, 在冬季还易受到冻胀循环的影响, 灌浆灰及勾缝灰在水的长期

侵蚀下也会受到影响，墙体整体会出现鼓闪、开裂、倾斜变形，严重时甚至坍塌。因此在虎皮石墙与绿植相邻时，应做好绿植喷灌时对园墙的防护措施，避免墙体长期受水侵蚀。

4．及时清除墙体缝隙滋生的植物

虎皮石墙因缺乏日常维护，勾缝灰酥碱，在墙体缝隙中长出植物的情况也较为常见。此时，受植物根系的生长挤胀作用，墙体易出现鼓闪。在后期修复中，拔除植物也会对墙体造成二次损害。因此，要定期检查墙体受损情况，及时清除墙体缝隙孳生的植物。

在三山五园中也发现多处爬山虎攀爬覆盖墙体的情况。爬山虎适应性强，耐寒、耐旱、耐贫瘠，对土壤要求不严，对空气中的灰尘有吸附能力，是垂直绿化的首选植物。但爬山虎的根会分泌酸性物质腐蚀石灰岩，根会沿着墙的缝隙钻入其中，使缝隙过大，严重可致墙体碎裂倒塌。根据专家多年的经验，爬山虎对虎皮石墙不会造成危害，在观察现有的被爬山虎覆盖的虎皮石墙后发现墙体状况良好，未受到其影响。因此在不影响整体景色的情况下，建议种植爬山虎替代其他绿化植物，但要注意定期检查勾缝是否完好，避免爬山虎根钻入墙体缝隙中。

5．定期排查墙体问题，重点检查墙帽、散水是否缺失损坏，保证排水通畅

墙作为园林中具有防卫功能的建筑，易受到自然环境的侵蚀，也会受到人为的破坏。虎皮石墙存在隐患会对其他部分的墙体或墙体附属建筑物造成损害，更会对园林中的众多游客造成安全危害。因此，在修缮之后仍要定期进行排查隐患，按照基础、墙体、勾缝、拔檐、散水几部分分类检查，清晰记录时间、地点、问题及范围等，便于及时进行维护，避免不必要的损失。要重点检查墙帽、散水是否缺失损坏，保证排水通畅，避免雨水渗入墙体。

6．建立合理评估体系，对墙体修缮范围做出综合评估

根据长期排查经验与记录，将虎皮石墙隐患程度量化，对其危险程度进行合理的评估，据此进行及时的修缮安排。由于颐和园园墙建造及后期修缮时间不同，对墙体修缮范围要进行综合考量与评估并进行详细记录，为今后修缮工程提供参考与建议。另外，在不同修缮时期的墙体连接处，要注意避免新老墙体差异过大，可以进行合理的过渡，使整体协调美观。

第五章

问题难点与
经验收获

颐和园园墙修缮工程先后共分五期陆续完成，从2009年12月列入《北京市颐和园文物保护规划文本》、2014年一期工程开工，到最终第五期修缮工程于2017年10月圆满完成，跨越了9个年度。其间数次召开专家论证会，探讨在修缮中遇到的难点，不断提高了对园墙重要历史价值的认识，在坚持原形制、原结构、原材料、原工艺的原则下，摸索总结了一些经验。本章主要以修缮工程最后一期（第五期）为例，介绍工程的难点、经验与收获。

第一节
难点与措施

颐和园园墙历史年代久远，历史过程中，仅每年进行保护性修缮，未进行长期系统性整修。通过历史修缮记录可以看出，颐和园园墙险情不断，修缮基本为雨季因气候问题导致墙体局部坍塌时采取的排险抢修。这样做并未从根本上解决园墙的安全隐患，甚至在此特殊情况下，导致了局部园墙的砌筑形式发生了变化。如20世纪六七十年代，随着颐和园开放面积的不断增加，修缮时为了减少对游人带来的安全隐患，提高了墙体的强度及稳定性，所以，从20世纪六七十年代开始改用水泥砂浆砌筑虎皮石墙。

因此，颐和园园墙具有以下特殊问题：1.历史痕迹混杂，一处墙体历史上多次修缮、加高、修补。2.古建筑工艺材料与现代建筑材料混用，水泥勾缝、水泥墙帽与麻刀灰勾缝、麻刀灰墙帽并存。3.多年雨水侧面侵蚀，墙帽及墙面麻刀灰开裂脱落，导致水侵蚀内部结构，安全隐患较大。施工过程中，主要存在以下难点：1.历史痕迹的保护；2.传统工艺的还原；3.影响园墙安全的最主要的原因 —— 水的处理。

园墙修缮工程定位由最初的抢险项目，到将园墙视为颐和园重要文物实体来修缮的过程。前后五期修缮工程愈来愈精细，接近历史原貌。

5.1.1 历史痕迹的保护

颐和园园墙始建于光绪十七年（1891年），慈禧重修颐和园时在东、南、西三面增建园墙，高4米。光绪三十一年（1905年），为预防不测，慈禧将颐和园四周园墙加高1米多。此处增高的界限为麻刀灰整齐水平缝，在园内多处园墙可见。另外，由于历史原因，园墙在不同院落相邻的情况下，存在通行的门洞、门垛，甚至有少数建筑后墙墙垛；在现颐和安缦院内的一段墙体中，保留着慈禧时期存放花草的棚架洞口。此次修缮过程中，如何保证在园墙安全第一的基础上，尽可能少地扰动历史痕迹，对其进行保留或恢复，是此次工程过程的难点之一。

为此，针对不同情况采取了不同的措施，具体问题具体分析，以保证安全为首要前提，有以下几种解决方案：

1.表面清理，重做墙帽，保留勾缝。对于墙体结构安全，无空鼓等安全隐患，在墙面勾缝保存相对完好的情况下，为最大限度地保护历史痕迹，仅清理表面，重做墙帽，不再重新勾缝。

2.表面清理，重做墙帽，重新勾缝。对于墙体结构安全，无空鼓等安全隐患，在墙面勾缝脱落、病害较多的情况下，尽可能不扰动墙体本身，仅重做虎皮石墙帽和重新勾缝。

3.重新砌筑，恢复历史痕迹。当墙体结构出现空鼓、歪闪、倾斜等安全隐患时，重新砌筑墙帽和重新勾缝不能解决其安全问题，需要使用原有石料对墙体进行拆砌。对增高缝、花洞等历史痕迹予以重新恢复。具备增高缝的区域要按原样恢复，高度不变。通过位置投射并绘制CAD图纸，按原样恢复花洞数量及位置。其中，拆砌并且恢复增高痕迹82米，未拆砌重新勾缝71米，未拆砌保留原勾缝34米。

在第五期工程中，总结了前几期的经验，将用灰缝勾勒出园墙增高线的做法改进为增高线上下墙体部分分两次砌筑，形成的增高线外观更自然，砌筑过程更尊重历史原貌。

5.1.2 恢复传统工艺

颐和园园墙五期工程修缮中，使用传统工艺施工是一难点。使用传统工艺进行施工，就需要熟知传统工艺的步骤，严格按步骤实行；需要使用传统材料；需要严格按照传统工艺尺寸要求进行施工。此期使用传统工艺施工内容包括恢复传统麻刀灰勾缝，恢复传统工艺宝盒顶墙帽和鹰不落墙帽，按传统工艺砌筑虎皮石墙体，按传统工艺做鹰不落段墙体墙面整修这几部分内容。另由于拆砌的园墙紧邻道路，且墙体较高，因此，均采用虎皮石混合砂浆砌筑，未使用传统掺灰泥材料施工，但尽量使用旧石料并恢复传统工艺施工。

1. 使用传统工艺砌筑虎皮石墙体。按照下大上小的传统规范重新砌筑，交接部要咬茬，内外做好拉接，并随墙做升。

2. 恢复传统麻刀灰勾缝。剔除原有水泥勾缝，重做麻刀灰勾缝，做泥鳅背，应使用"掖填勾"做法，一气呵成。这样得到的麻刀灰是一个整体，不易从墙面脱落，若先喂缝再勾灰梗，则会造成喂缝灰与灰梗之间产生断层，导致灰梗易脱落。此种方法需要施工人员三人一组流水作业，不可相距过远，否则，麻刀灰干燥，无法起到"掖填勾"的作用。

在勾缝工艺中精益求精，针对之前勾缝过粗影响美观的情况，通过查史料和对周围相近时期园林虎皮石墙的考察，规定勾缝的尺寸为高1.5厘米，宽2厘米。

在第五期修缮工程谐趣园夹道区域，由于旧料石块之间缝隙较宽，勾缝势必难以避免宽度不一，施工时很难在安全和美观上达到和谐统一，因此，在勾缝作业进行前提前做出几种样板，以期解决勾缝过宽的情况，但由于掺灰泥无法隔绝水，水从掺灰泥处渗入影响结构安全，因此，最终决定在此区域采取麻刀灰平缝进行施工。

3. 恢复传统墙帽。墙帽应用大麻刀灰青灰背做法，擀光轧亮，墙帽心采用手工砖卡砌。

对于鹰不落墙帽，提前在其顶转角处用大号瓦翘起，端头用丁砖，墙帽拆砌前做样板，保证囊度一致，表面用大麻刀灰青灰背做法，擀光轧亮。

4. 按传统工艺做鹰不落墙面靠骨灰。靠骨灰不易干，需长时间晾晒才能干透。

5.1.3 排水处理

为了虎皮石墙的坚固耐久，做好"防水"措施尤为重要。墙体内部一旦长期被水侵蚀并且无法及时排水，便可能会导致墙体的鼓闪坍塌，存在很大的安全隐患。

1.水土流失导致基础下沉。颐和园园墙历史年代久远，经历了地震、雨水等自然力的侵袭，部分园墙周边水土流失严重，存在基础下沉的情况。

2.无缓冲带导致植物生长，灰缝开裂，墙体内部存水。大部分园墙无散水、无缓冲带，绿化带与墙体直接接触，墙体底部常年受到绿化用水的侵蚀；并且由于土壤与墙体无隔离带，地锦类植物生长旺盛，大面积附着于墙面，导致部分灰缝酥碱脱落，对墙体造成了不利影响。此外，绿化喷灌及雨水对墙体的常年侵蚀，也造成勾缝灰开裂脱落。同时，原有砌筑灰浆材料强度较低，导致石砌块间灰浆材料流失，砌石松动。以上原因导致墙面开裂，内部存水，再加上多年的冻胀，导致多处墙体鼓闪严重。

3.地袱石及排水眼被掩埋，排水不畅。此次勘察过程中发现部分园墙内外地平存在高差，导致地袱石及排水眼被土壤、植物等掩埋堵塞，无法正常排水。

针对上述问题，所采取措施如下。

1.重新勾缝，整修墙帽。

2.重做灰土散水。散水位置在墙体两侧0.6米处做4:6灰土（两步）硬化，以减弱雨水对墙体底部的侵蚀。此外，灰土散水还可以作为绿化带和墙体之间的缓冲带，降低墙体上生长地锦类植物的概率。

3.疏通排水眼。新建宫门向北130～580米段长450米的内侧园墙，因地势较低，在园墙内侧做排水沟，以缓解高0.9米，宽5米的凹地范围内雨水对墙的冲击。

4.做雨水沟。南如意门向北300米处园墙外侧，因现有路面降低，园墙毛石基础已外露约1米，本次修缮对外露基础背实灌浆，在排水眼处砌水槽，做雨水沟。所有园墙里外重做散水，疏通排水眼，条石重新油灰勾缝。

第二节
日常保养规程

5.2.1 园墙修缮前主要问题探究

1.自然因素。颐和园园墙历经百年，经过地震、雨水、树木根系、攀爬植物等自然因素侵蚀造成

图226-1　　　　　　　　　　　　　　　图226-2

园墙破坏（图226）。

　　2.年久失修。颐和园园墙历史久远，从历次修缮档案中不难看出，虽然经过几次修缮，但是大多为保养性修缮，未进行系统性修缮。同时园墙无散水缓冲，导致基础下沉。

　　3.人为破坏。新中国成立初期人们对文物的保护意识淡薄，随意拆改园墙以获得砖石，并在园墙周边搭建房屋，造成园墙残损（图227）。

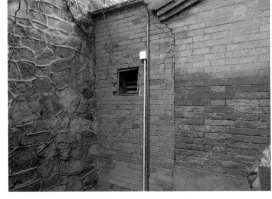

图227-1　　　　　　　　　　　　　　　图227-2

5.2.2 修缮中主要问题及规避方法

　　1.园墙整体以虎皮石墙砌筑为主，但局部仍以破旧乱石瓦块砌筑（图228）。

　　保护性修缮措施：局部拆砌，恢复原有虎皮石砌筑做法，保留原有传统工艺施工。

　　2.园墙墙体出现空鼓歪闪，局部出现安全隐患（图229）。

图228-1

图228-2

图229

图230-1

图230-2

图226（1、2）/攀爬满植物的墙面

图227（1、2）/新中国成立之初，文物保护意识淡薄，存在园墙周边搭建房屋的现象

图228/此次大修之前，园墙局部由乱石修砌

图229/园墙出现空鼓歪闪，进行临时支顶

图230（1、2）/现场勘查墙体局部地基下沉情况

保护性修缮措施：对空鼓部位地基进行勘察，若地基完好则局部拆砌空鼓歪闪墙体，保证园墙安全稳定施工。

3. 园墙局部出现地基下沉导致墙体歪闪，出现安全隐患（图230）。

保护性修缮措施：对下沉较为严重的墙体进行拆砌，下挖地基至持力层进行砌筑，以保证园墙安全稳定的施工。

4. 园墙墙帽子高矮不一。

保护性修缮措施：拆砌墙帽子，用大麻刀灰或青灰背做法。

5. 墙体灰缝普遍酥碱脱落严重，历史原因导致部分灰缝采用水泥勾缝。

保护性修缮措施：采用麻刀灰勾缝，保证一气呵成。

5.2.3 建立有效的园墙巡视检查机制

颐和园园墙修缮后要经常巡视，保证园墙整体安全和美观。为此，颐和园进行了属地队管理和日常巡视管理，从两个方面对园墙进行整体的巡查。

属地管理队特点：直观、频率高、及时、详细。

属地队员工在日常工作中检查发现如下问题，可以及时报送给基建队。

①影响游客游览安全问题，例如路面石砖松动，木栏杆松动，火道盖板破损等；

②影响工作人员工作使用问题，例如房屋门窗合叶损坏，漏雨等；

③古建筑直观可见的问题，例如建筑构件缺失；2016年共报修606次，2017年至今已报修200余次。

基建队将全园网格化，分为11个区域，每个区域指定一名负责人，对所辖区域内所有建筑以及周边道路、环境进行周期性检查，填写巡视检查表格，实现全园巡视检查工作精细化管理，责任落实到人。

基建队的巡检工作在巡检模块的专业基础上进行，巡检模块分为单体建筑、山石、地面、湖岸栏板、彩画、单独墙体六个部分。每个部分都进一步细化，例如单体建筑又分为基础、柱体、下架、上架、墙体、屋面六个部分。

5.2.4 日常巡视重点检查

园墙墙体主要包括三个方面，墙帽子、墙体和基础。日常巡查中工程管理班对园墙三方面进行针对性检查（见下表）。

颐和园园墙检查问题表

时间		地点		检查人	
部位	问题描述	范围	破损程度	危险评估	备注

说明：

（1）部位主要有墙帽、墙体和基础，其他自行添加；

（2）破损程度分为轻微、一般、严重；

（3）危险评估分为安全、有隐患、危险、非常危险。

通过日常检查结合安全评估结果，对存在重大病害的建筑进行现场勘察、病害跟踪、建筑历史沿革考证、病害成因分析，经讨论评审后，确定有序的中远期修缮目标，并将其纳入到修缮项目库中，逐步合理安排修缮项目，实现项目库滚动推进、及时调整，优化选项，为实施项目做好充足准备。

5.2.5 日常检查发现问题与修缮措施

古建筑修缮和遗产保护需要职工在日常工作的思考、归纳、总结中不断完善，才能拥有越发顽强的生命力。古建筑就像病人，古建筑管理者就是医生，巡检就是对古建筑进行体检。针对古建筑病情的严重程度，经专业诊断后，我们要采取不同的治疗方法，及时治愈小病，延缓大病的发生，使得颐和园这一世界文化遗产具有更旺盛的生命力。

颐和园应针对园墙问题及时安排工程管理班进行园墙的修缮，如遇较大的安全隐患应及时围挡并按照施工工艺申报和修缮。

结 语

　　颐和园园墙是世界文化遗产颐和园文物构筑物的重要组成部分，全长8449延米，绕山部分为乾隆朝初创，环湖部分为光绪朝增修，这些园墙历史上因功能需求、安全防卫、水利建设等原因进行过局部的拆改、增高。这些改变有些记录在案，有些痕迹至今依然清晰可见，可以说，颐和园园墙是颐和园260余年沧桑变化的见证。

　　颐和园园墙历史年代久远，经历次局部修缮，普遍存在园墙基础不均匀沉降、墙体高矮不一、用料杂乱等现象，每年雨季都出现局部坍塌，存在较大安全隐患。根据《北京市颐和园文物保护规划》，于2012年启动了颐和园园墙抢险修缮工程的相关工作。修缮工程按照整体立项、分段实施的原则进行，工程计划分五期逐步实施，从2014年开始，到2017年全部完工。

　　在修缮工程完工之际，通过总结园墙修缮的经验，结合五期修缮工程，开展颐和园园墙营建档案整理、营建史研究、材料工艺记录分析等专题研究，来深化颐和园园墙历史演变的认知，保留、传承颐和园园墙所承载的相关历史信息。通过为颐和园相关展览展陈提供翔实的素材，促进公众对颐和园当代修缮保护工作的理解与支持。将颐和园的修缮工程全面推向研究型保护，在修缮实践中培养研究型保护专业人才，为同类遗产保护工程以及当代园墙建设提供借鉴。

　　本次园墙修缮工程及研究主要有以下几个特点。

一　遵照程序，统筹协作，翔实记录

　　颐和园园墙修缮工程是对世界文化遗产保护的见证，从勘察设计、项目立项、招标代理、施工过程以及竣工验收等各个环节，都严格按照国家有关规定进行。参与工程的设计、施工、监理单位均有相应的国家专业资质。

在勘察设计前，设计部门制定了详细的勘察计划。收集颐和园园墙相关历史档案，以其为主，以老工匠、老职工对园墙修缮做法、措施等口述资料为辅。根据园墙各段残存情况不同，局部段落存在较大的安全隐患，对其进行分段考察，并多次召开专家论证会，制定相对应的修缮计划。勘察设计贯穿至竣工验收，随时跟踪设计内容，发现问题及时调整。另外，颐和园针对园墙修缮建立了完整的施工管理体系，制定"八项"工程管理制度。根据园墙这一施工对象，颐和园管理处针对项目全过程进行监管实施，工程质量保证措施坚持"四明确"和"四订立"原则。

在勘察、设计及施工过程中，对园墙残损勘察情况、现有做法进行记录，结合历史档案与现状分析，对不同时期园墙留存进行分类，并将施工过程及详细做法存档，对施工中遇到的问题进行研究、解决并记录，为今后同类遗产修缮研究提供借鉴资料。

二　尊重传统，减少扰动，保留信息

颐和园园墙修缮工程本着不破坏文物本体，尽可能保留其原有历史价值的原则进行施工，坚持采用原形制、原结构、原材料、原工艺。

根据历史资料及老工匠的口述资料，恢复虎皮石墙传统砌筑工艺，尽量利用旧料，原虎皮石均利用使用，拆换的毛石等其他料石用于基础，尽量不添配。坚持"不改变文物原状""最大限度地保留和最小干预"的文物修缮原则；坚持尽量保留原有构件，保留传统工艺和原有做法的原则。对现有园墙进行修缮，恢复原有形制的园墙。最终，力争在修缮工程全面完成后，能真实、准确地反映其固有的状态，排除安全隐患、修复残损。

传统历史遗产保护方式遵循先研究保护方案，再进行保护施工。由于颐和园园墙修缮属于抢险救灾工程，虽在修缮前有一定的历史资料及修缮经验的积累，但砌筑工艺在多年传承中难免有所差异。在后期研究中也有些许发现与史料记载有分歧之处，这是对遗产保护工作的一个警醒，但同时也是在园墙修缮工程研究中的一点进步，为今后的修缮工程提供更加翔实的信息。

三　资料翔实，学科交叉，团队合理

自2014年颐和园园墙维修工程启动以来，颐和园研究室、建设部也启动了相关文献档案收集、现状调查工作，梳理了新中国成立后有关园墙修缮的工程记录，并结合修缮工程对相关隐蔽部位进行了记录，积累了丰富的文献、档案及图像等大量第一手材料。合作单位天津大学建筑学院也拥有大量的样式雷档案积累、现状测绘成果，以及对圆明园、避暑山庄、静寄山庄等皇家园林有关园墙的相关调研及档案资料。

在历史档案资料研究的同时，采用科学技术与手段对园墙材料、稳定性等进行分析。通过对不同修缮时期的石材进行检测，获得其物理性能、粘结材料成分等数据，结合档案研究还原其砌筑工艺，并通过三维建模对虎皮石墙的受力情况进行模拟分析，总结其容易受损的影响因素。争取全方位多手段总结园墙病害机理，提出保护策略。

本次修缮工程与研究中，颐和园、高校科研机构、设计及施工单位紧密合作，积极交流，由文史、建筑、材料等多专业人员协调配合。从清代皇家园林园墙研究到颐和园园墙历史研究，从颐和园园墙勘察与设计到修缮研究与施工，从颐和园园墙工艺研究到受力特征分析，从病害机理总结到保护策略提出，再到保养规程制定，本次修缮工程为颐和园园墙的发展、修缮及研究进行了系统的梳理与总结，其研究成果可有效指导颐和园及同类遗产园墙的修缮与保养工程，确保遗产的真实性、完整性、延续性。

参考文献

1. 汉辞网 http://www.hydcd.com/zidian/hz/9769.htm。

2. 商务印书馆编辑部编：《辞源》，北京：商务印书馆，2009年，第1097页。

3. 夏征农，陈至立编：《辞海》，上海：上海辞书出版社，2010年，第1496页。

4. 吕叔湘，丁声树编：《现代汉语词典（第6版）》，北京：商务印书馆，2012年，第915页。

5. （汉）许慎：《说文解字》，北京：中国戏剧出版社，2010年，第329页。

6. 王国珍：《释名》，上海：上海辞书出版社，2009年。

7. （清）李渔：《闲情偶寄》，北京：中华书局，2011年。

8. 陈从周：《书带集》，上海：生活·读书·新知三联书店，2002年。

9、16.（明）计成：《园冶》，重庆：重庆出版社，2009年。

10. 陈从周：《园林谈丛》，上海文化出版社，1980年，第66页。

11. 夏嵩：《基于传统的中国园林空间文化研究》，南京林业大学2011年硕士论文。

12.（汉）刘安撰，陈静注译：《淮南子》，郑州：中州古籍出版社，2010年。

13. 张道玉：《墙垣在传统私家园林中的艺术设计及趣味性表达研究》，西安建筑科技大学2017年硕士论文。

14. 周维权：《中国古典园林史》，北京：清华大学出版社，2008年。

15. 第一历史档案馆编：《宫中朱批奏折》工程68—7。

17 齐康主编：《中国土木建筑百科辞典：建筑》，北京：中国建筑工业出版社，1999年。

18、20、24. 刘大可：《中国古建筑瓦石营法》，北京：中国建筑工业出版社，1993年。

19.（宋）李诚：《营造法式（一）》，北京：商务印书馆，1933年。

21.张龙：《颐和园样式雷建筑图档综合研究》，天津：天津大学，2009年。

22.苏天钧：《北京考古集成9》，北京：北京出版社，2000年。

23.王嘉宁：《避暑山庄宫墙的历史变迁》，承德职业学院学报，2005（04）：90-91。

25.刘大可：《古建筑工程施工工艺标准（上）》，北京：中国建筑工业出版社，2009年。

26.中国建筑业协会古建筑施工分会、中国风景园林学会园林工程分会编著：《古建园林工程施工技术》，北京：中国建筑工业出版社，2005年。

27.《略论清代京西皇家园林及相关建筑中的"虎皮墙"》，颐和园微览，2017年8月。

28.国家图书馆藏《样式雷图档·颐和园卷（全十四函）》，北京：国家图书馆出版社，2018年。

29.北京市颐和园管理处编：《颐和园志》，北京：北京出版社，2004年。

附录一
颐和园园墙抢险修缮工程大事记

2009年

12月，颐和园园墙修缮列入《北京市颐和园文物保护规划文本》近中期实施规划。

2012年

1月，颐和园园墙勘察工作正式开始。

4月17日，完成颐和园园墙现状勘察及初步方案。

8月10日，组织第一次方案专家论证会，专家有付清远、李永革、王时伟。

9月24日，报北京市文物局《颐和园关于园墙维修工程方案的请示》（颐园建文[2012]74号）。

10月17日，报北京市公园管理中心《颐和园关于园墙维修工程方案的请示》（颐园建文[2012]82号）。

10月24日，收到北京市公园管理中心《关于同意颐和园园墙维修工程方案的批复》（京园综函[2012]213号）。

11月，完成颐和园园墙项目建议书（代可行性研究报告）。

12月13日，收到北京市文物局《关于颐和园园墙修缮工程立项的复函》（京文物[2012]1828号）。

2013年

1月，完成颐和园园墙修缮工程方案的编制。

1月15日，组织第二次方案专家论证会，专家有付清远、李永革、王时伟。

1月15日，报北京市文物局《颐和园关于园墙修缮工程方案核准的请示》（颐园建文[2013]2号）。

4月15日，收到北京市文物局《关于颐和园园墙修缮工程方案意见的复函》（京文物

[2013]521号）。

4月17日，完成颐和园园墙修缮工程修改方案的编制。

4月17日，报北京市文物局《颐和园关于园墙修缮工程方案的请示》（颐园建文[2013]39号）。

6月24日，收到北京市文物局《关于颐和园园墙修缮工程修改方案的复函》（京文物[2013]936号）。

6月25日，组织第三次方案专家论证会，专家有付清远、李永革、王时伟。

7月3日，完成颐和园园墙修缮工程施工方案的编制。

7月4日，报北京市文物局《颐和园关于园墙修缮工程方案核准的请示》（颐园建文[2013]59号）。

7月22日，收到北京市文物局《关于颐和园园墙抢险修缮工程方案核准意见的复函》（京文物[2013]1094号）。

9月9日，完成颐和园园墙抢险修缮工程（一期、二期）施工方案的编制。

11月11日，完成颐和园园墙抢险修缮工程（一期）设计招标，中标单位为北京兴中兴建筑设计事务所，资质等级甲级。

12月20日，完成颐和园园墙抢险修缮工程（一期）施工招标，中标单位为北京市园林古建工程有限公司，资质等级一级。

2014年

1月2日，颐和园园墙抢险修缮工程（一期）开工。

1月，完成颐和园园墙抢险修缮工程（三期）可行性研究报告。

3月20日，完成颐和园园墙抢险修缮工程（三期）施工方案的编制。

4月9日，完成颐和园园墙抢险修缮工程（二期）设计招标，中标单位为北京兴中兴建筑设计事务所，资质等级甲级。

4月12日，颐和园园墙抢险修缮工程（一期）建设、施工、设计、监理四方验收。

4月16日，颐和园园墙抢险修缮工程（一期）北京市文物工程质量监督站竣工验收。

6月3日，完成颐和园园墙抢险修缮工程（二期）施工招标，中标单位为北京房修一建筑工程有限公司，资质等级一级。

7月2日，颐和园园墙抢险修缮工程（二期）开工。

11月29日，颐和园园墙抢险修缮工程（二期）建设、施工、设计、监理四方验收。

11月30日，颐和园园墙抢险修缮工程（二期）北京市文物工程质量监督站竣工验收。

2015年

6月5日，完成颐和园园墙抢险修缮工程（三期）施工招标，中标单位为北京房修一建筑工程有限公司，资质等级一级。

6月23日，颐和园园墙抢险修缮工程（三期）开工。

6月，完成颐和园园墙抢险修缮工程（四期）可行性研究报告。

10月13日，完成颐和园园墙抢险修缮工程（四期）施工方案的编制。

11月6日，颐和园园墙抢险修缮工程（三期）建设、施工、设计、监理四方验收。

11月17日，颐和园园墙抢险修缮工程（三期）北京市文物工程质量监督站竣工验收。

2016年

5月27日，完成颐和园园墙抢险修缮工程（四期）设计招标，中标单位为北京兴中兴建筑设计事务所，资质等级甲级。

7月14日，市纪委就颐和园园墙抢险修缮工程采用混合砂浆砌筑及局部增高情况要求北京市文物局协助了解。

8月10日，北京市公园管理中心就颐和园园墙抢险修缮工程有关情况报市纪委李书磊书记。

8月26日，报北京市文物局《颐和园关于继续推进园墙抢险修缮工程的请示》（颐园建文[2016]166号）。

9月4日，组织召开颐和园园墙抢险修缮工程（四期）（五期）施工方案专家论证，专家张之平、乔云飞、李永革。

9月8日，完成颐和园园墙抢险修缮工程（五期）施工图的编制。

10月14日，完成颐和园园墙抢险修缮工程（四期）施工招标，中标单位为北京房修一建筑工程有限公司，资质等级一级。

11月23日，颐和园园墙抢险修缮工程（四期）开工。

11月，完成颐和园园墙抢险修缮工程（五期）可行性研究报告。

2017年

6月29日，完成颐和园园墙抢险修缮工程（五期）施工招标，中标单位为北京东兴建设有限责任公司，资质等级一级。

7月17日，颐和园园墙抢险修缮工程（五期）开工。

8月18日，颐和园园墙抢险修缮工程（四期）建设、施工、设计、监理四方验收。

8月25日，颐和园园墙抢险修缮工程（四期）北京市文物工程质量监督站竣工验收。

10月17日，颐和园园墙抢险修缮工程（五期）建设、施工、设计、监理四方验收。

10月20日，颐和园园墙抢险修缮工程（五期）北京市文物工程质量监督站竣工验收。

附录二
专家意见原文

2012年8月

付清远

维修工程设计方案应属安全完整之需求，方案可达到立项要求，但应补充细化说明，同意园墙维修工程立项。

1.颐和园园墙历史上均为虎皮石墙，由于历史的多次维修及由于历史和经济原因，砌筑方式和材料的使用，致使部分园墙较为杂乱，为确保园墙的安全和历史原貌的真实性，应立项维修。

2.对低洼潮湿地段及基础部分建议使用混合砂浆砌筑，做内外散水。

3.原则上应考虑尽可能少扰动的原则要求，对总结构安全墙体可进行勾缝处理，对部分空鼓、外闪严重段应进行拆砌。

李永革

园墙多处出现危险情况，所做方案基本满足立项需求，立项说明需进一步细化，同意立项。

1.立项文件应尽可能地将园墙的历史沿革表述详细。

2.建议将下一步的工程设计段进一步对墙体的基础进行详细勘察并制订可行的加固措施。

3.园墙长度较长，可根据残损状况轻重分段进行实施。

王时伟

经勘查需整体维修。

1.方案达到立项要求。

2.维修应按险情分段实施。

3.园墙维修应考虑基础加固。

4.砌体砌筑可考虑混合砂浆。

2013年1月

付清远

该设计方案前期调研、勘查工作详细、全面，残坏状况清晰，病因分析准确，设计方案具有较好的针对性，方案合理可行。

1.方案已经多次修改完善，已达到施工图的深度，设计具有较好的针对性，措施合理可行，符合文物保护原则要求。

2.由于园墙较长，不具备一次性维修条件，方案采取分段维修方式合理可行。

3.方案中坚持使用传统做法、传统材料和尽可能使用原有材料，指导思想正确。

4.由于分段维修，故应注意分段维修之间的衔接和基础不同状况的稳定性安全的处理。

李永革

该方案勘察全面详细，围墙的残损原因分析清楚，设计方案的保护措施具有针对性，方案基本合理可行。

1.园墙保护维修方案已经过两次的维修及完善，基本达到施工图深度，维修的各项措施针对性较强，基本满足维修工程的需要。

2.园墙的修缮应坚持以传统工艺及手法和采用相应的传统石材和砖材的理念和做法指导原则正确。

3.对原园墙材质、砖、石部分的量化要求应具体。

王时伟

遵照文物局批复，已完善方案设计。

1.坚持最小干预原则，尽可能减少扰动原园墙，分病害状况分段制订维修措施。

2.结合修缮，尽可能恢复原有做法。

3. 基础详勘，如需处理沉降问题还需补充设计说明。

4. 传统做法、材料应细化。

2013 年 6 月

付清远

方案已依国家文物局、北京市文物局意见进行了修改完善，方案总体可行。

1. 该设计方案根据国家文物局的意见进行了针对性的修改完善，修改后的措施具有针对性和可操作性，方案可行。

2. 对于施工中灰浆的选择，建议对八十年代后重拆砌园墙已不属原墙，加之所使用的块石材料较大，掺灰泥已达不到砌筑的结构安全要求，故建议采用混合砂浆处理。对原始老墙建议仍采用传统掺灰泥处理。但对所有墙均应使用传统麻刀青灰勾缝处理。

李永革

此方案依据国家文物局、北京市文物局批复意见进行了修改完善，方案总体可行。

此稿方案依据国家文物局的批复意见进行了修改及完善，修改后的方案保护原则正确，保护措施具有可操作性，方案原则可行。具体意见如下：

1. 对原始老园墙的修补应按原掺灰泥的砌筑形式进行。

2. 对重新拆砌的毛石墙体，为增加墙体的强度同意使用混合砂浆。

王时伟

该方案依据国家文物局、北京市文物局的批复进行调整完善，方案可行。

设计方案依据国家文物局的意见进行了修改调整，设计措施针对性和可操作性较好，方案可行。建议：

1. 对补砌的墙体的砌筑材料可采用掺灰泥的做法。

2. 拆砌的园墙的砌筑材料可采用强度较好的混合砂浆。

2016年9月

张之平

该方案为园墙整体方案的一部分，已经完成部分质量较好，后续工程可持续开展，应进一步总结经验，提高文保意识，使后期工程有所提升。

1. 本次修缮A段（南如意至新建宫门）、B段（新建宫门至东宫门）为第四期，C段（东宫门至霁清轩）为第五期，为已经批复的总体方案中的一部分，原则可行。建议总结已完成的前期工程。

2. 对已完成的第一、二、三期工程情况、文物原状和价值、残损、环境等应分类清楚，并根据分类进行梳理，在图纸中表述清楚。

3. 现状勘察应细化到不同的残损病害构造的墙段，还应将近期暴雨灾害带来的残损和量化数据补充到方案中。

4. 方案及措施应与残损更加对应，并特别注意新老墙体之间的连接及沉降基础的处理，保证文物与行人安全。

5. 同意适当采用与传统材料相匹配的新材料，如混合砂浆砌筑，但抢险砌筑的墙体无论形式和材料应与老墙协调。

6. 排水措施建议采用传统形式的明沟。

李永革

整体的维修原则及维修措施基本符合颐和园园墙实际残损状态及周边环境安全的实际情况，方案总体可行。

1. 建议在工程实施时进一步补充做好园墙不同墙段原有砌筑灰浆及工艺的勘察及了解工作，并做好历史沿革的记录，为今后园墙监测工作打好基础。并做好不同强度墙体灰浆的调整工作。

2. 因颐和园园墙历次维修并存在多种灰浆（大泥、掺灰泥、小泥砂浆等）砌筑的做法，建议细化不同园墙砌筑形式分段的标注，并针对不同砌筑形式之间的连接部位合理应对传统灰浆的应用。

3. 对园墙墙体下部较稳定坚固部分建议不要全部拆到底。

乔云飞

保护修缮原则正确，技术路线清晰，勘察较为翔实，保护措施可行，原则同意该方案。

1.进一步在勘察的基础上总结园墙构造做法特色，并在病害成因分析的基础上，合理细化分段分类。

2.建议结合已修缮的园墙工程总结经验，进一步补充拆砌段与相邻墙体的交接做法和措施。

3.进一步对传统材料的使用部位予以确认。

4.建议将园墙雨水沟做为明沟。

后记

为系统总结颐和园园墙修缮的经验和成果，加强对颐和园园墙所蕴含的历史价值及传统工艺所承载的研究，颐和园管理处遵循保护性修缮的理念，科学规划修缮工作，科研先行，并将学术研究贯穿修缮工作全过程，在修缮过程中及时收集各种信息资料，开展颐和园园墙材料检测、历史及工艺等相关研究，并联合学术研究机构天津大学建筑学院，编撰成《颐和园园墙保护性修缮研究》一书。

本书的编纂自2018年8月开始，以五期修缮工程为基础，对颐和园园墙的历史、工艺、材料、病害及保养等方面的研究进行总结。在此期间得到了北京市公园管理中心、颐和园管理处、天津大学建筑学院领导大力支持，以及耿刘同、李永革、刘大可等知名专家的悉心指导。颐和园研究室提供了大量历史资料。颐和园微览团队，特别是张晓莲老师提供了部分现状照片资料。圆明园、蓟县盘山、门头沟采石厂等单位提供了部分石材检测样品。天津大学材料学院给予了相关检测工作的鼎力相助。北京兴中兴建筑设计事务所为本书提供了大部分施工修缮图纸、数据和照片等资料。文物出版社冯冬梅为此书的编辑出版做了大量工作。我们在此向支持本书编辑出版，给予相关帮助的单位和个人表示感谢！

本书第一章第一节由张颖撰写，第二节由张龙、刘婉琳撰写，第三节由张龙、刘雄伟撰写；第二章第一节由朱颐撰写，第二节、第三节由孙震撰写；第三章第一节由荣华、朱颐撰写，第二节由荣华、王晨、张斌撰写，第三节由朱颐撰写；第四章第一节由陈曲、张鹏、徐少泽、黄冠英撰写，第二节由张龙、朱颐撰写，第三节、第四节由张龙、刘雄伟撰写；第五章由陈曲、张鹏、徐少泽、黄冠英撰写；结语由荣华撰写。

经过一年的努力，《颐和园园墙保护性修缮研究》即将付梓，由于编者水平有限，时间仓促，文中难免有疏漏或欠妥之处，在此恳请各界领导、专家和读者批评指正！

编者

二〇一九年十二月